Dr. Peter Hartig

Das Wunder des Lebens

Meine Geschichte. Die Algen.
Ihre Gesundheit

ISBN 978-3-9817910-0-6

Dr. Peter Hartig
Rudolf-Diesel-Straße 4, D-24568 Kaltenkirchen
1. Auflage 2016

Für meine geliebte Familie: Renate, Caroline, Viviane und Julia und mein großes Vorbild Daisaku Ikeda

Inhaltsverzeichnis

Kapitel 4

Die 40 besten Algen-Rezepte

Kapitel 5

Gesund durch Algen

Kapitel 6

Algen in Kosmetik und Schönheitspflege

Kapitel 7

Mehrwert der Algen

Vorwort

"Das Leben wird vorwärts gelebt und rückwärts verstanden", hat der dänische Philosoph Søren Kierkegaard mal treffend formuliert. Darum habe ich mir mit "Das Wunder des Lebens – Meine Geschichte. Die Algen. Ihre Gesundheit" auch etwas Zeit gelassen. Das Buch versammelt für den interessierten Laien alles Wissenswerte über diese faszinierenden Wasserpflanzen, die "Geschöpfe" unseres blauen Planeten, und ist gleichzeitig auch Rezeptbuch und Teil meiner Biografie. Denn, salopp ausgedrückt, bin ich der "Algen-Mann", dessen Leben und Wirken sich seit gut 30 Jahren darum dreht, was diese wunderschönen Wasserpflanzen können und bewirken, was sie für uns Menschen tun und für die Menschheit bedeuten. Die wissenschaftliche Erforschung, die wirtschaftlich sinnvolle Herstellung und Vermarktung der Mikroalge sind zu meinem Lebenszweck geworden. Ja, zu meiner Mission.

Es mag für den ein oder anderen komisch klingen: Aber Algen machen Hoffnung. Algen bilden 50 Prozent des lebenswichtigen Sauerstoffs für die Weltbevölkerung. Sie binden CO^2 und schützen somit das Klima. Algen sind das erste Futter, das alle Lebewesen im Meer fressen. Sie sind die Grundlage für Leben im Wasser und voll getankt mit Sonnenenergie. Eine Spirulina-Alge hat ein Nährstoffprofil aus 4.000 Bestandteilen. Das ist – verglichen mit anderen Lebensmitteln – ein schier unglaublicher Wert.
Und außerdem sind Mikroalgen die proteinreichste Ernährung auf der ganzen Welt. In herkömmlichen

Rezeptbüchern der vegetarischen und veganen Küche adressiert man Spirulina-Pulver gerne als 'Super Food' oder 'Booster'. Merkt man das eigentlich: Wenn es um Algen geht, gerate ich (auch nach all den Jahren) immer noch und immer wieder ins Schwärmen. Ihre Möglichkeiten als Zusatz oder Nahrungsergänzung für den Ernährungsplan des modernen Menschen auszuloten, ist mir wirklich ein Anliegen, eine Herzensangelegenheit.

Und darum begann dieses Buch ursprünglich mal mit der biografischen Frage: 'Wie kommt ein Junge aus dem Pott, geboren in der Arbeitermetropole Duisburg als Sohn eines Küfers (Fassmacher) und einer Krankenschwester, dazu, zuerst Biologie und dann Limnologie zu studieren, um schließlich – angestoßen, gefördert und unterstützt von vielen guten Lehrmeistern und Professoren – sich ganz dem Thema Mikroalgen zu verpflichten? Ohne der eigentlichen Lebenschronik zu weit vorauszueilen, erinnere ich mich an den Tag, als ich bei den Studien im Zusammenhang mit meiner Diplomarbeit begriff: Es geht nur ganz oder gar nicht. Auch wenn die Tage lang und die Wochenenden nicht existent waren, weil die Messreihe alle 30 Minuten weitergeführt werden musste – das war genau mein Ding. Da war dieser Dreiklang aus Freude, Leidenschaft und Arbeit. Egal, wie lange ich dafür im Institut sein musste, 12 oder 16 oder mehr Stunden. Das war mein Leben, es passte einfach. Damals habe ich meine Profession gefunden, das machte mich unglaublich glücklich und zufrieden. Es gab mir eine innere Ruhe, wie ich sie noch niemals zuvor erlebt hatte. So etwas nennt man wohl berufliche Erfüllung – und ich wünsche jedem Menschen, dass er das einmal in seinem Leben erlebt.

Natürlich gab es auch in meinem Leben Umwege und Abwege, Höhen und Tiefen, Siege und Niederlagen. Das gehört zum Reifeprozess. Jugendliche Unruhe, unkoordinierte Fehlentscheidungen, Liebeskummer zur falschen Zeit – aber dann auch immer wieder, dank einer Mischung aus Ehrgeiz und Durchsetzungswillen, aufstehen und weitermachen. Oder, wie der schüchterne Schüler es sich als Mantra immer vorgebetet hat: "Peter, einfach kann jeder. Du schaffst das. Beiß' Dich durch!" Das ist bis heute mein Lebensmotto geblieben und es hat sich – das kann ich stolz sagen – im Rückblick gelohnt.

Im Dezember 1999 gründete ich (nach einem kurzen Beratungsmandat bei einer hawaiianischen Algenfirma) mit drei Partnern die BlueBioTech GmbH, die in puncto Algenforschung und Algen-Technologie heute europaweit führend ist. Die eigentliche Erfolgsstory begann, als ich die BlueBioTech International gründete und vom Lieferant zum autarken Produzenten und Vermarkter wurde. Ein Forschungszentrum in Büsum, Produktionsstätten in China und auf Teneriffa, eine immer größer werdende Produktpalette, die ich auf dem Homeshopping-Kanal HSE24 anbieten kann. Mehr und Genaueres dazu, geneigter Leser, finden Sie in dem Kapitel, wo es um meinen beruflichen Werdegang geht. Es folgen Kapitel über Algen, meine Lieblingswasserpflanzen, ihre Geschichte, ihre Wirkung, Herstellung und Ernte. Und dann findet man auch einen sehr üppigen Rezeptteil mit vielen nützlichen Tipps zum Einsatz der Spirulina, der Chlorella und auch der Makroalgen bei Smoothies, Suppen, Salaten und Hauptgerichten aus der Natur.

Nur soviel noch im Vorwort. Es ist mir ein Bedürfnis, mich bei sehr vielen Menschen zu bedanken, die mir auf meinem Weg geholfen haben. Das beginnt mit meinem Klassenlehrer Herrn Sarlette am Neusprachlichen Gymnasium, der mich vor Ehrenrunden gewarnt und Abgangstendenzen im Keim erstickt hat.
Mein ganz besonderer Dank gilt auch meinen Mentoren aus der Wissenschaft. Professor Soeder, Professor Imboden, Professor Sommer, Dr. Hakumat Rai und natürlich meiner Familie, die ich über alles liebe. Hiermit meine ich meine Frau Renate und meine unglaublich großartigen Töchter Caroline, Viviane und Julia.

Nach eingehenden Erwägungen und einer 'Tragezeit' von neun Monaten ist nun auch das Projekt Buch reif für die Öffentlichkeit. Ich hoffe, Sie haben Freude beim Lesen und Studieren sowie dem Umsetzen der deliziösen Rezepte aus Algen, die unser aller Leben so nachhaltig positiv beeinflussen: Die Algen – sie sind ein wahres Wunder der Natur!

Ihr

Dr. rer. nat. Peter Hartig
Kaltenkirchen im Juni 2016

Ein Traum ist wahr geworden *Dr. Peter Hartig mit zwei Mitarbeitern auf seiner Algenfarm in Teneriffa, hier züchtet er die Mikroalge Haematococcus pluvialis*

OUTPUT

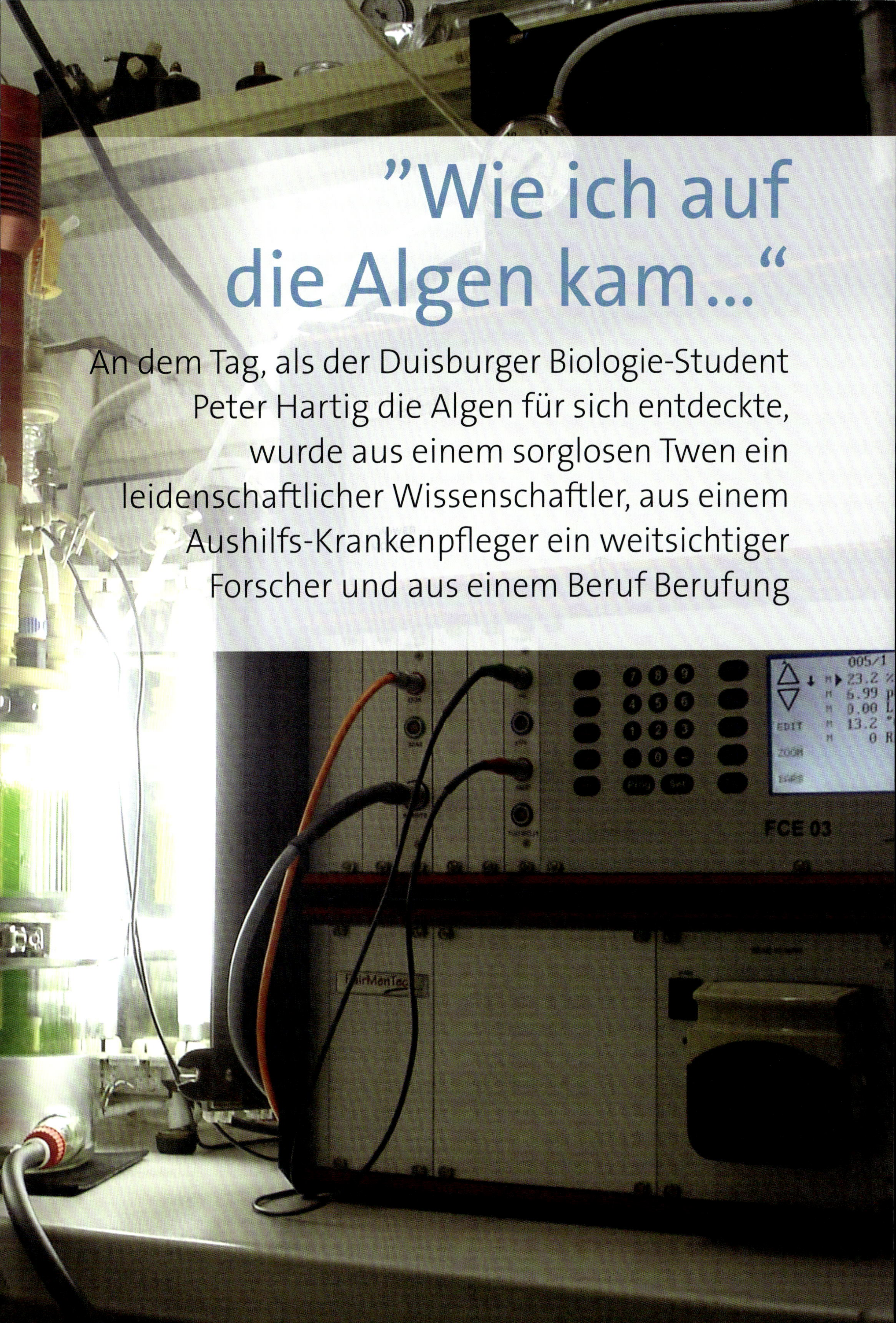

"Wie ich auf die Algen kam..."

An dem Tag, als der Duisburger Biologie-Student Peter Hartig die Algen für sich entdeckte, wurde aus einem sorglosen Twen ein leidenschaftlicher Wissenschaftler, aus einem Aushilfs-Krankenpfleger ein weitsichtiger Forscher und aus einem Beruf Berufung

Wie ich auf die Algen kam

Ein Wort an Sie, geschätzte Leser

Warum schreibt man Bücher? Lässt man mal religiöse und schöngeistige Aspekte außen vor, schreibt man Bücher in erster Linie doch wohl, um erlangte Erfahrungen und erworbenes Wissen zu mehren, zu bewahren und zu teilen. Man möchte am großen Diskurs mit Namen 'Wissenschaft und Fortschritt' teilnehmen. Denn nur er garantiert das langsame Wachstum der Wahrheit und das immer besser werdende Erkennen der Welt und all ihrer Phänomene.

Was gestern noch als bewiesen galt, als unumstößliche Wahrheit, muss heute korrigiert werden. Was gestern nur eine Randerscheinung war, wird morgen das große Phänomen. Manchmal spielt auch die eigene Lebensgeschichte in den Fortgang der Dinge. Das ist bei mir der Fall. Darum versteht man meine Leidenschaft für Algen nur, wenn man auch einen Blick auf mein Leben wirft. Mein Name ist Dr. Peter Hartig, ich bin Wissenschaftler und Unternehmer und leite die BlueBioTech International GmbH, ein mittelständisches Unternehmen, das sich der Erforschung, der Herstellung, Kultivierung und Vermarktung von Mikroalgen und weiteren großartigen Schätzen der Natur widmet. Im Folgenden können Sie nun nachlesen, wie ich die Faszination und die Kraft der Algen für mich entdeckte...

Kindheit & Jugend im Nachkriegs-Deutschland

Duisburg, Mitte der 1950er Jahre. Noch sieht man die Spuren des großen Weltbrandes. Bombentrichter, Einschusslöcher in Wänden, Brachgrundstücke, wo vorher eine geschlossene Häuserzeile stand und jetzt Hecken, Sträucher und kleine Bäumchen wachsen. Bald wird der Grauschleier, der über Deutschland liegt, weggewaschen von dem, was man später dann das Wirtschaftswunder nannte. 1955 veröffentlicht ein gewisser Bill Haley die Single "Rock Around The Clock". Die Ära des Rock'n'Roll hat gerade begonnen. Und mit Elvis Presley erhält die Welt einen Protagonisten, der mit samtiger Stimme und unruhigen Hüften seine Regentschaft antritt. Der 'King' ist der Beginn dessen, was man heute als Jugendkultur bezeichnet und er markiert gleichzeitig das Ende einer militaristisch geprägten, von den Erwachsenen dominierten Zeit.
Mit der uns Deutschen immer nachgesagten Gründlichkeit und Effizienz wird renoviert, gebaut, gearbeitet ... malocht. Duisburg ist eine klassische Ruhrpott-Metropole, hat – gelegen an der Mündung der Ruhr in den Rhein – den größten Binnenhafen Deutschlands. Ist der Standort für die Stahlproduktion und war deswegen leider auch ein 'Lieblingsziel' alliierter Bomber. 311 Luftangriffe werden verzeichnet.

Duisburg ist eine klassische Ruhrpottmetropole

Am Ende des Zweiten Weltkrieges ist die Stadt weitgehend zerstört, 80 Prozent der Wohnhäuser sind kaputt oder erheblich beschädigt. Doch wie Phoenix aus der Asche erhebt sich Deutschland aus den Trümmern und legt den Grundstein für ein sagenhaftes Wachstum.

Ein Arbeiterkind, das nach Höherem trachtet
In dieser Stadt Duisburg bin ich geboren, aufgewachsen und zur Schule gegangen. Wir lebten in einfachen Verhältnissen: Arbeiterfamilie! Kein großer Wohlstand, aber meine Eltern haben alles für uns Kinder – meinen ein Jahr und drei Tage jüngeren Bruder Klaus und mich – getan. Wir erlebten eine Kindheit voller Liebe und Zuwendung. Meine Mutter Margot arbeitete als Krankenschwester. Mein Vater Karl war Küfer, Fassmacher, ein Beruf, der heute so gut wie ausgestorben ist. Er fertigte anfangs Holzfässer für die Gurkenfabrik "Kühne"; später ist er zur "König-Brauerei" in Duisburg-Beeck gewechselt, wo das berühmte "König-Pilsener" gebraut wurde und wird. Noch heute erinnere ich mich an den geliebten Haustrunk, bei dem auch immer ein Kasten Malzbier für uns Kinder dabei war.

„Wir erlebten eine Kindheit voller Liebe und Zuwendung."

***Margot Hartig** mit ihren beiden Söhnen Klaus (links) und Peter*

***Klaus und Peter Hartig** an Weihnachten 1965*

Schule
Solange ich mich zurückerinnern kann, wollte ich von klein auf hoch hinaus. Schon in der Grundschule entwickelte ich Ehrgeiz und bekam als Folge die sogenannte 'gymnasiale Empfehlung'. Es war damals durchaus nicht üblich, dass ein Arbeiterkind aufs Gymnasium wechselte. Nur wenn Lehrer entsprechende Anlagen entdeckten und die entsprechenden Leistungen erbracht wurden, erhielt man diese Empfehlung.

Ich war ein "Kann-Kind"* und kam also im Alter von neun oder zehn Jahren aufs Neusprachliche Gymnasium in Duisburg-Neudorf. Weil im Sommer eingeschult wurde, hat die Schulbehörde zwei so genannte Kurzschuljahre eingerichtet, dadurch gewann ich zwar ein Jahr, war aber deshalb auch der Jüngste in der 5. Klasse. Meine Mitschüler waren alle ein Jahr älter und auch größer. Bei Theateraufführungen traute ich mich nie auf die Bühne, weil ich ein schmächtiger, ja zaundünner Junge und dadurch schüchterner war als die anderen. Das machte es für mich auch nicht gerade einfacher in der Schule, stachelte aber meinen Ehrgeiz weiter an. Und irgendwie habe ich mich immer durchgebissen. Unterstützung bekam ich von zwei Seiten – zum einen von meiner Mama, die mir immer Mut machte, wenn mir das Herz in die Hose gerutscht war und zum anderen von meinem Klassenlehrer Herrn Sarlette, der mir beständig davon abriet, eine Klasse zu wiederholen, wodurch ich ja mit Gleichaltrigen zusammen gewesen wäre. Auch dann und wann geäußerte Abgangspläne wischte er mit einer Handbewegung vom Tisch und signalisierte mir: 'Kommt gar nicht infrage!' Sicher, es wäre der Weg des geringsten Widerstandes gewesen, aber zum Glück habe ich auf meine Unterstützer gehört. Gebetsmühlenartig sagte ich mir immer: "Einfach kann jeder, Peter! Du schaffst das! Beiß dich durch!" Dieses Mantra wurde zu meinem Lebensmotto – und ist es bis heute geblieben. Wie der große Welttorwart Oliver "Der Titan" Kahn trieb es mich "immer weiter, immer weiter". Aufgeben gibt's nicht!

Peter Hartig 1965 *bei seiner Einschulung*

◀ ***Familie Hartig 1964*** *(v.l.n.r.) Bruder Klaus, Mutter Margot, meine Wenigkeit und Vater Karl*

"Kannkinder"; in Bayern, Baden-Württemberg, Niedersachsen,... sind Kinder, die bis zum 30. September 6 Jahre alt werden, wegen der Stichtagverschiebung ohnehin „Musskinder" | Kinder, die nach diesem Stichtag 6 Jahre alt werden, können eingeschult werden, wenn zu erwarten ist, dass sie voraussichtlich mit Erfolg am Unterricht teilnehmen können. Kinder, die nach dem 31. Dezember 6 Jahre alt werden, benötigen ein schulpsychologisches Gutachten, das die Schulfähigkeit bestätigt.

Just zu dem Zeitpunkt, wo ich in die 11. Klasse kam, wurde die reformierte Oberstufe* eingeführt. Damals konnte man einzelne Wissensbereiche einfach abwählen und sich Kurse zusammenstellen, die einem lagen oder die einfacher zu bewältigen waren. Dieses Kurssystem wurde im Laufe der Jahre immer wieder reformiert, die Wahl-, genauer gesagt: die Abwahlmöglichkeiten wieder eingeschränkt und das Leistungskurssystem mit doppelter Punktewertung eingeführt.
Wie so viele meiner Altersgenossen wählte ich mal ganz schnell Mathe und Deutsch ab, beides nicht gerade Lieblingsfächer von mir. Puh, mir fielen große Wackersteine vom Herzen – damals. Als Leistungsfach wählte ich Biologie, die Lehre vom Leben, die mich schon immer sehr interessiert hat. Ich wollte – wie Faust – wissen, was die Welt im Innersten zusammenhält, wie Körper und Geist funktionieren, was Leben ausmacht? Zum Glück musste ich nicht dem Teufel meine Seele dafür verkaufen, sondern nur die Begeisterung teilen, die unser Bio-Lehrer für sein Fach empfand und uns vermittelte. Und dieser Mann, Herr Hoffmann hieß er, war richtig gut. Er weckte mein nie enden wollendes Interesse an Biologie und den Zusammenhängen des Lebens.

Ich machte das Abitur im Jahr 1978 mit einem Notendurchschnitt von 2,5. Nicht schlecht, aber nicht gut genug, um sofort einen Studienplatz in Medizin zu bekommen. Denn schon damals gab es diesen, wie ich finde, nicht wirklich gerechten Numerus Clausus, der die Anzahl der Bewerber für begehrte Studienplätze z.B. für Medizin beschränkte. Ein Einser-Abiturient muss aber nicht automatisch ein guter Arzt sein. Nur wer seinen Beruf als Berufung empfindet, wird sich 100 Prozent engagieren und stets sein Bestes geben. Abgesehen davon: 'Arzt' zählte damals zu den Traumberufen. Jeder wollte oder sollte Arzt werden, aber eigentlich hatte ich – abgesehen von meinem Faible für Biologie – keinen genauen Berufswunsch.

Hilfsjobs im Krankenhaus

Aus besagten Gründen entschloss ich mich also dazu, Biologie und eben nicht Medizin zu studieren. Und dies, obwohl ich dank meiner Mutter Hilfsjobs im ehemaligen St. Vincenz-Krankenhaus in Duisburg versah, in dem sie als Krankenschwester arbeitete. Dies war für mich eine sehr lehrreiche und wichtige Erfahrung. Ich wurde als "Springer" auf der Intensivstation und in den Bereichen Urologie und Innere Medizin eingeteilt. Im St. Vincenz-Krankenhaus lernte ich erstmals, was es heißt, anderen, gerade bedürftigen Menschen zu helfen. Schmerzen zu lindern, die kaum mehr auszuhalten sind. Jemandem ein Glas Wasser zu bringen, wenn ihn nach der Operation der Durst quält. Sich kümmern, wenn sich keiner kümmert.

Helfen! Einfach nur helfen! Das fühlt(e) sich verdammt gut an. Mir ging schier das Herz auf. Aber ich verrichtete nicht nur Hiwi-Jobs, sondern durfte aufgrund der Personalknappheit sogar im OP helfen. Heute absolut unvorstellbar! Ich durfte bei Nieren- und urologischen Operationen die Haken halten. Die operierenden Ärzte mussten ja schließlich an das jeweilige Organ herankommen. Haken halten – das machen normalerweise ausgebildete OP-Schwestern. Aber da es nicht genügend Schwestern gab, durfte der 'kleine Peter' ran. Im Kittel und mit Mundschutz die Wundrändern auseinanderhalten.
Wahnsinn, aber auch wahnsinnig lehrreich und für mich natürlich enorm spannend. Ich gab mir die größte Mühe, die mir übertragenen Aufgaben mit dem angemessenen Ernst und zur Zufriedenheit aller zu erledigen. Und das tat ich wohl auch. Schließlich ging es hier um die Gesundheit meiner Mitmenschen.

**Die Ausgestaltung der gymnasialen Oberstufe als Kurssystem sowie die Ausgestaltung des Abiturs als ausbildungsbegleitende, kumulative Prüfung geben in der Bundesrepublik Deutschland zurück auf eine Vereinbarung der Kultusministerkonferenz vom 7. Juli 1972. (...) Die reformierte Oberstufe (in Bayern Kollegstufe) ist ein spezielles Unterrichtssystem der letzten beiden Schuljahre in der gymnasialen Oberstufe, also der elften und zwölften Klasse Schulklasse (bzw. 12. und 13.) an deutschen Gymnasien. In der reformierten Oberstufe sind die Klassenverbände mit einem starren Unterrichtspensum aufgelöst; stattdessen stellen die Schüler eine individuelle Kombination aus Kursen in verschiedenen Fächern zusammen (Kurssystem). Quelle: Wikipedia*

Der schönste Nebeneffekt dieser Jobs: Nach ein paar Monaten hatte ich genug Geld beisammen, um mir mein erstes Auto zu kaufen. Ich war stolz wie Oskar! Ich sehe die Karre noch genau vor mir: Es war ein dunkelblauer Ford 12M, den ich dem Malermeister des Krankenhauses für 800 D-Mark abgekauft habe. Alt, aber mit Liebe gepflegt, nicht gerade schön, aber zuverlässig. Genau das richtige Gefährt für einen angehenden Studenten.

Augen auf bei der Berufswahl

Es gibt ja Menschen, die schon mit zehn genau wissen, was sie werden wollen. Feuerwehrmann, Lokführer, Kampfpilot oder eben Arzt. Zu dieser Spezies Mensch gehörte ich nicht. Ich wusste nämlich nicht, was mal aus mir werden würde. Okay, studieren, klar! Biologie... auch klar. Aber ein wirklich konkreter Berufswunsch stand da nicht dahinter. Die Bewerbungsbögen für das Biologie-Studium habe ich seinerzeit einfach bei meinem besten Freund abgeschrieben und am allerletzten Tag der Bewerbungsphase bei der ZVS (Zentrale Vergabestelle für Studienplätze) eingereicht.

Im Gegensatz zu heute war ich damals noch etwas unkoordiniert oder, sagen wir, ziemlich sorglos. "Der Kopf ist rund, damit das Denken die Richtung wechseln kann". Mein Gedanke damals war: Du bekommst eh erst einmal keinen Studienplatz und musst ja auch noch zur Bundeswehr. Eigentlich wollte ich den Dienst an der Waffe aus moralisch-ethischen Gründen verweigern, aber das wurde nicht akzeptiert. Deshalb sagte ich mir: Wenn Du schon zur Truppe musst, dann verpflichtest Du Dich für zwei Jahre und verdienst wenigstens ein bisschen Geld. Aber auch das wurde nicht akzeptiert.

Beim Bund

Ich fügte mich also in mein Schicksal. 'Wenn ich eingezogen werde, dann geh ich halt dahin und zieh das durch. Was soll's?! Es ist ja eh nicht zu ändern!'

Peter Hartig (3.v.l.) beim Bund *mit seinen Kameraden auf der Stube*

Im September 1978 bekam ich meine Einberufung. Für die dreimonatige Grundausbildung musste ich nach Pinneberg, nördlich von Hamburg. Für mich als Duisburger war das – gefühlt – am Ende der Welt, da wollte ich nun überhaupt gar nicht hin. Zum Glück dauerte die GA nur drei Monate. Ist es Schicksal, dass 27 bzw. 29 Jahre später meine Töchter Viviane und Caroline in Pinneberg zur Welt kamen? Manche Dinge kann man sich wohl nicht aussuchen, man muss sie geschehen lassen!

Vater Staat bildete mich zum Fernschreiber bei der Luftwaffe aus. 24 Stunden Dienst am Stück und dann zwei Tage frei. Das war insofern praktisch für mich, da ich an diesen Tagen nach Oberhausen-Osterfeld fahren und im Krankenhaus meinem Dienst nachgehen

konnte. So konnte ich meinen kargen Sold aufbessern und meine medizinischen Erfahrungen sowie meine Liebe zu den Menschen weiter vertiefen.
Nach dem Grundwehrdienst wurde ich von Pinneberg nach Kalkar, nahe der holländischen Grenze, versetzt. Schon besser! Nur 80 Kilometer von Zuhause weg, wo ich zu dieser Zeit auch eine feste Freundin hatte. Ich arbeitete, wie gesagt, für die Luftwaffe. Kam ein Befehl rein, mussten wir den stante pede an die zuständigen Kommandostellen weiterleiten. Das bedeutete in der Praxis: 24 Stunden am Stück unter Tage im Bunker hocken und Befehle weitergeben. Sobald ich frei hatte, fuhr ich nach Oberhausen-Osterfeld in 'mein neues Krankenhaus'. Der Job da war mir wirklich ans Herz gewachsen. Hört sich vielleicht nach eitlem Gutmenschentum an. Aber ich liebte es wirklich, kranken Menschen zu helfen und hatte – was man sich als Arzt wohl gar nicht leisten kann – oft sehr enge Beziehungen zu den Patienten.

"Ich liebte es wirklich, kranken Menschen zu helfen und hatte – was man sich als Arzt wohl gar nicht leisten kann – oft sehr enge Beziehungen zu den Patienten."

Sie mochten mich, ich mochte sie. Und das hat mich – vor allem, wenn es ans Sterben ging – oft ziemlich mitgenommen. Menschen sterben zu sehen, hat einfach nur wehgetan. Man konnte ihnen nicht mehr helfen. Ich konnte mit eigenen Augen sehen, wie unterschiedlich Menschen im Tod aussehen – manche mit einem Lächeln, andere mit Angst im Gesicht. Dies alles hat mich sehr geprägt und berührt. Ein Gefühl von Ohnmacht und Demut erfüllt einen dann – Ohnmacht, weil man bei aller medizinischen Kunst gegen das Unausweichliche nichts mehr tun kann und Demut, weil der Gang der Welt vielleicht doch einem höheren Plan folgt. Das waren einschneidende Erlebnisse für mich. Erlebnisse, die ich bis heute nicht vergessen habe.

Zwölf Monate nach Beginn meines Wehrdienstes bekam ich, trotz meiner eher bescheidenen Abiturnote und sehr zu meiner Verwunderung, einen Studienplatz für Biologie an der Ruhr-Universität in Bochum. In meine Freude mischte sich leichte Verzweiflung. "Mist, wie soll ich das denn jetzt machen?", fragte ich mich. Mein Wehrdienst – die Dauer für Wehrpflichtige betrug damals 15 Monate – lief noch drei Monate. Ich rechnete hin und her und hatte bald eine Lösung. Wenn ich im Schichtdienst 24 Stunden voll durcharbeiten würde, hatte ich ja drei freie Tage. 'Diese Zeit kannst du ja fürs Studium nutzen; die versäumten Vorlesungen wirst Du schon irgendwie nachholen!' Das war mein Plan. In meiner Freizeit durfte ich schließlich machen, was ich wollte. Um mich rückzuversichern, sprach ich mit meinem Wehrdienstbeauftragten. Er freute sich für mich: "Herr Hartig, wenn Sie einen Studienplatz haben, kann ich Sie nur beglückwünschen und für die letzten drei Monate freistellen!" Das war zwar eine sehr gute Nachricht, brachte mich aber in Gewissensnöte meinen Kameraden gegenüber. Das Fernschreiber-Team bestand aus zwölf Soldaten. Wenn ich früher entlassen würde, mussten die anderen meine Schichten mit übernehmen. Das hieß Mehrbelastung. Nicht gerade die feine englische Art. Ich sprach deshalb lange mit den Kollegen und habe sie gefragt: "Soll ich das wirklich durchziehen? Ich kann euch doch nicht einfach hier im Stich lassen?" Die Antwort war einhellig und einstimmig: "Doch, Peter, du kannst… mach das, das ist toll. Wir übernehmen deine Aufgaben!" Diese Reaktion hatte ich nicht erwartet, aber ich war überglücklich und konnte jetzt mit ruhigem Gewissen und hoch motiviert, mein Biologiestudium an der renommierten Ruhr-Universität in Bochum antreten. Danke, Kameraden!

Ruhr-Universität, Bochum

Trotz der Bundeswehr und wegen der Kurzschuljahre hatte ich kaum Zeit verloren. Ich war bei Studienbeginn gerade mal 20 Jahre alt. Es konnte losgehen. Peter Hartig, der kommende Biologe, war im Anmarsch! Gleich in der ersten Vorlesung bekam meine Euphorie einen empfindlichen Dämpfer.

Der Hörsaal war mit 400 Studienanfängern pickepacke voll, und der Professor, der die Einführungsvorlesung hielt, sagte: "Sie wollen also jetzt hier Biologie studieren, meine Damen und Herren. Biologie ist ein naturwissenschaftliches Fach. Was Sie können müssen, ist Mathematik, Chemie und Physik. Was Sie dann hier lernen können, ist Biologie!" Aha, so ist das also! Alle

Die Ruhr-Universität in Bochum

Fächer, die ich sträflich vernachlässigt hatte, waren die Basis für ein erfolgreiches Biologiestudium. Na, prima!! Biologie, behaupte ich einfach mal, hatte ich halbwegs drauf. Mathematik hatte ich in der Oberstufe abgewählt, weil ich darin eine glatte Fünf hatte. Chemie hatte ich ein halbes Jahr in der Schule. Physik? Fehlanzeige. Ich kam von einem neusprachlichen Gymnasium, wo man – wie der Name es nahelegt – neue Sprachen (Englisch, Französisch...) und humanistische Fächer hoch hielt. Naturwissenschaft kam da erst an zweiter Stelle. Und wie um mich weiter zu ängstigen, begann der Professor damit, physikalische Formeln runter zu leiern. Na wunderbar, ich verstand wirklich nur Bahnhof. Weniger als nichts. Nach der zehnten Vorlesung hatte sich das immer noch nicht einen Deut verbessert, und ich musste mir frustriert eingestehen: "So geht es nicht!" Und in den Cafés, wo wir uns regelmäßig nach den Vorlesungen trafen, eröffnete ich meinen Kommilitonen: "Leute, ich verstehe nichts. Biologie hat mir immer Spaß gemacht. Mathe, Chemie und Physik aber eben nicht. Wenn diese Fächer die Grundlage fürs Bio-Studium sind, schaffe ich das niemals!" Das war keine kleine Irritation, das war ein ausgewachsener Frust. Die Hoffnung, dass ich mir das Versäumte auf die Schnelle aneignen könnte, hatte ich nicht. Das wäre auch unrealistisch gewesen. Meine hoch fliegenden Träume waren am Boden der Tatsachen zerschellt.

HMI, Jürgen Hingsen & ein Problemfach

Just in diesem Augenblick erzählte mir ein Freund von einem Versicherungsunternehmen. "Peter, wenn man da einen Antrag verkauft, kassiert man 500 D-Mark Provision. Das ist schnell verdientes Geld. Hast Du Interesse?" Die Antwort war Ja. Ich spürte, ich kann da was fürs Leben lernen und machte eine Schulung. Sehr bald machte mir das Verkaufen von Versicherungspolicen wirklich Spaß. Denn ich war gezwungen, meine Schüchternheit zu überwinden und mit wildfremden Menschen zu reden. Da ich von den Versicherungsprodukten überzeugt war, machte ich sehr schnell sehr viele Abschlüsse und stieg in der Hierarchie von HMI stetig nach oben. Ich hatte am Schluss 20 Mitarbeiter unter mir, an deren Provisionen ich mit verdiente. Das hat mir – während meines Studiums – ziemlich viel Geld eingebracht. Zusätzlich habe ich noch Werbejobs für "Tempo", "Twix", "Mars" und die Zigarettenmarke "West" gemacht. Da musste der eigentlich schüchterne Peter unter die Leute und in Kneipen, Restaurants und auf öffentlichen Plätzen Produkte anpreisen, oder, wie das Neudeutsch heißt, promoten. Das war mir eine Lehre fürs Leben. Damals stand das Geldverdienen im Vordergrund, aber rückblickend weiß ich, dass ich ganz umsonst einen Crashkurs in Sachen Marketing absolviert habe, der mir bei meinem späteren Unternehmungen sehr zugute kommen sollte. Ich lernte Menschen zu führen und Ziele zu erreichen. Und nachdem ich meine Schüchternheit überwunden hatte, hat das auch noch

Kunstgeschichte und Bildinterpretationen das hoch gestochene Gerede war nichts für mich

Riesenspaß gemacht. An den Wochenenden arbeitete ich zudem noch im Krankenhaus. Viel Zeit fürs Biologiestudium blieb da nicht.
Doch das arg vernachlässigte Studium kam wieder in Gang. Den Mathematikkurs, vor dem ich so einen Bammel hatte, habe ich geschafft. Nur Chemie und Physik blieben Problemfächer. Das hat einfach nicht gepasst. Doch ich fand einen Ausweg, indem ich vom Diplomstudiengang auf Lehramt umsattelte. Als zweites Fach wählte ich Sport und erinnerte mich lebhaft an Jürgen Hingsen. Wir kannten uns vom Gymnasium, wo wir bis zur zehnten Klasse zusammen die Schulbank gedrückt hatten. Später wechselte Jürgen Hingsen auf ein Sportgymnasium und wurde ein weltberühmter Zehnkämpfer. Er hat schon damals gerne von meinen Lateinkenntnissen profitiert, und ich war natürlich von seinen sportlichen Fähigkeiten fasziniert. Also Lehramt Biologie und Sport und als drittes eigenes Fach, eingeschoben für ein halbes Jahr, Kunstgeschichte. Das doch ziemlich abstrakte und meist sehr hoch gestochene Gerede war für mich kaum auszuhalten. Wenn die anderen Studenten Bildinterpretationen ablieferten, dachte ich immer: "Wovon reden die? Was soll das? Also das ist nun wirklich nicht meine Welt...!" Nach einem halben Jahr hab' ich das Handtuch geworfen. Ein seidenschalumschlungener, immer schwarz gekleideter Kunstgeschichtler, der auf Vernissagen kluge Sätze absonderte, wäre nie aus mir geworden.
Die Rolle des Lehrers, der jungen Menschen Wissen vermittelt, konnte ich mir schon viel eher vorstellen. Doch mit dem Pflichtfach aller Lehramtsanwärter – Pädagogik – hatte ich bald meine liebe Not. Im Altertum bezeichnete man die gebildeten griechischen Sklaven, die die Kinder reicher römischer Familien zur Schule begleiteten, als Pädagogen. Inzwischen ging es in diesem Fach aber nur noch um Verbote und Reglements, nicht aber um den Menschen, der etwas lernen wollte. Das hat mich unangenehm an die reglementierte Zeit in der Schule erinnert und mir deshalb keinerlei Spaß gemacht.

Liebeskummer & Vordiplom

Aber egal, ich wischte meine Bedenken weg und hab erst einmal so weiter gemacht. Studium an der Ruhr-Universität und meine Jobs für das Versicherungsunternehmen, das Krankenhaus und die Werbung für Markenartikel. Dank meiner Nebeneinkünfte konnte ich mir mitten in Bochum eine kleine Bude leisten und habe frei nach dem Studentenlied "Gaudeamus igitur" mein Leben auch einfach mal nur genossen, ohne mir ständig Gedanken über die Zukunft zu machen. Doch so leicht wie in Liedern ist es im Leben meistens nicht. Ich bin mit Pauken und Trompeten durch die Zwischenprüfung in Biologie gerasselt. Unter anderem auch, weil sich meine langjährige Freundin von mir getrennt hatte. Drei Jahre lang waren wir ein Paar gewesen und dann setzte sie mir so mir nichts dir nichts den Stuhl vor die Tür. Das war – gelinde gesagt – der Schock meines Lebens. Aber gut... im Rückblick hatte ich an dieser gescheiterten Beziehung durchaus meinen Anteil. Wer schon einmal Liebeskummer hatte, der weiß, wie weh das tut und dass man zu nichts mehr in der Lage ist. Auch ich lief völlig neben der Spur. Ich habe zwar gelernt, war aber gar nicht richtig bei der Sache. Man liest etwas, ohne den Sinn zu erfassen.

Beim zweiten Versuch ein halbes Jahr später hatte ich mich dann wieder einigermaßen im Griff, fleißig gelernt, aber am Ende doch nur 49, 23 Punkte. Die Mindestpunktzahl betrug 50, mir fehlten also nach Adam Riese 0,77 Pünktchen zum Bestehen. Das konnte nicht wahr sein!! Da ging irgendetwas nicht mit rechten Dingen zu. In meiner Wut und Enttäuschung habe ich einige Arbeiten von Kommilitonen verglichen und festgestellt, dass die Prüfer bei meiner Bewertung mehrere Fehler gemacht haben. Eine der Fragen war beispielsweise so gestellt worden, dass man zwangsläufig so antwortete, wie ich es getan hatte. Ich erhob – das ging damals noch – Einwand gegen das Prüfungsergebnis. Der Anruf meines Professors ließ nicht lange auf sich warten. Er war außer sich: 'Was mir denn einfiele, seine Kompetenz in Zweifel zu ziehen? Ich solle sofort zur Uni kommen...' Er hat mir den Kopf gewaschen. Nun ja, das Ende vom Lied war: Ich bekam die fehlenden Punkte – es hätten meiner Lesart nach sogar drei sein müssen – nicht und war somit zum zweiten Mal durch die Zwischenprüfung gerauscht. Eigentlich ist dies das Ende. Wer diese Hürde nicht schafft (bei den Zwischenprüfungen wird halt gnadenlos ausgesiebt) darf nach Hause gehen. Es gab nur noch einen kleinen Ausweg. Man musste sich einer mündlichen Prüfung unterziehen. Die Quote derer, die das schafften, lag bei 30 Prozent. Das war nun das maximale Stress-Szenario. Wenn ich das wieder nicht schaffen sollte, hätte ich drei Jahre verplempert. Studium futsch, alles null und nichtig. Ganz ganz großer Mist!

Peter Hartig als Biologiestudent auf Forschungsreise

Auf zum Diplomstudium

Doch Fortuna hatte ein Einsehen und lächelte wieder einmal in meine Richtung. Das Glück, das mir widerfuhr, hieß Nikolaus Amrhein, war Professor für Pflanzenphysiologie und bei dieser Sache mein Mentor. Er bestellte mich zu sich und eröffnete mir: "So, es gibt nur eine Möglichkeit: Sie schaffen das!" Er hat mit mir die Prüfungssituation durchgespielt, mich vorbereitet, mir erklärt, was bei so einer mündlichen Prüfung wichtig ist. Und irgendwann stand ich dann vor dem Professorenkollegium und musste ihre Fragen beantworten. Um es kurz zu machen: Ich habe die Prüfung bestanden, zwar nur mit einer Drei, aber mehr ging einfach nicht. Das Wichtigste war: Ich hatte das Vordiplom in der Tasche, denselben Schein, den auch die Diplombiologen machten. Da die Probleme mit meinem Lehramtsstudium nicht kleiner geworden waren – ich hatte nach wie vor eine innere Blockade gegen Pädagogik und beim Sport kam ich auch auf keinen grünen Zweig, weil mir Bodenturnen und Leichtathletik nicht lagen –, sattelte ich endgültig und konsequent um: wieder auf den Diplomabschluss. Biologie war meine Leidenschaft, Sport und Pädagogik eben nicht. Aber ich wusste, was das bedeutete. Ich musste Chemie und Physik im Nullkommanichts nachholen. Das war meine Aufgabe, meine Herausforderung … ich musste das diesmal einfach schaffen!

Der Begriff Pädagoge leitet sich aus dem altgriechischen Wort (ho paidagogós) ab und bezeichnete ursprünglich den Sklaven, der die Schüler zu ihren Lehrern begleitete ('Knabe', 'Kind'; 'führen', 'ich führe') im Sinne von Knabenführer, dann Aufseher, Erzieher der Knaben, Leiter, Lehrer. Nicht selten wurden gelehrte Sklaven auch mit der übrigen Erziehung und Bildung betraut. Quelle: Wikipedia

Professor Carl J. Soeder war einer der Pioniere der deutschen Algenforschung und wurde in Sachen Algen mein Mentor

Professor Soeder und die Folgen

Und wieder spielte mir das Schicksal eine besonders gute Karte zu. Auf Empfehlung einer Freundin besuchte ich die Vorlesungen eines Professors für Limnologie. Limnologie ist Süßwasserkunde, behandelt also alles, was mit Süßgewässern zu tun hat. Es war Hochsommer und während sich meine Freunde und Kommilitonen am nächsten Baggersee verlustierten, ging ich nachmittags um fünf in die Vorlesung von Professor Soeder. Der Hörsaal war klein, aber selbst darin verloren sich die zwölf Studenten, die gekommen waren. Herr Professor Soeder kam rein und begann zu erzählen.

Er sprach bedächtig, nein, langsam, aber gleichzeitig so faszinierend und so auf den Punkt, das ich dachte: 'Das ist ja unglaublich! Der Mann ist toll!' Nach der dritten Vorlesung bin ich zu ihm gegangen, habe mich vorgestellt und ihm ohne viel Federlesens eröffnet: "Herr Professor, Ihr Spezialgebiet interessiert mich und wenn ich mal meine Diplomarbeit mache, dann bei Ihnen!" Soeder, Professor an der damaligen KFA Jülich, heute nur noch FA, dem größten Forschungszentrum Deutschlands, antwortete: "Ja, warum nicht, das geht! Aber da müssen Sie sehr sehr gute Noten haben, Herr Hartig. Und wenn Sie ein Stipendium in Jülich haben und Geld während ihrer Diplomarbeit verdienen wollen, müssen sie im Examen eine Eins haben."

Wow, das war doch mal eine klare Ansage. Ich, Peter Hartig, der zweimal im Vordiplom durchgefallen war und die Prüfung erst im dritten Anlauf geschafft hatte, brauchte also eine Eins im Examen. Wenn's weiter nichts ist!! Aber die Aussicht, meine Diplomarbeit nicht an der Uni, sondern an Deutschlands größtem Forschungszentrum zu machen, reizte mich. Und als ich dann noch die Meeresbiologie, die Faszination des blauen Mediums Wasser für mich entdeckte, wusste ich: Das ist der Wendepunkt in meinem Leben. Dafür interessierte ich mich wirklich und wahrhaftig. Ohne Wenn und Aber. Es war mein Glück, dass ich diesem Mann begegnet bin und ihn kennenlernen durfte. Der Auftrag von Professor Soeder hieß, eine Eins im Examen zu erreichen und das fachte meinen ganzen Ehrgeiz an. Ich habe Chemie und Physik im Eiltempo nachgeholt und die Prüfungen mit guten Noten abgeschlossen und innerhalb eines Jahres mein theoretisches Diplom gemacht – mit der Note 1,3. Ein weiteres Beispiel dafür, dass nur Leidenschaft und Liebe für die Sache zum Erfolg führt. Das war mein Ticket nach Jülich. Mein Traum bekam Konturen, meine Euphorie und Freude waren grenzenlos. Ich wollte fertig werden mit der Theorie und mich dann ganz der Praxis widmen. Jede Frage warf neue Fragen auf; es war für mich spannend wie ein Krimi. Nein, spannender: Wie sind menschliche Zellen aufgebaut? Was machen sie? Wie funktionieren sie? Wie funktioniert das Leben untereinander? Warum gibt es Algen? Was machen sie im Gewässer? Wie hängt das alles zusammen? Nicht all das war damals Thema der Vorlesungen, aber Professor Soeder konnte übergreifende Zusammenhänge sehr dezidiert, sehr anschaulich erklären. Das bereits Gelernte bekam immer mehr Konturen. Was ich damit mal beruflich anfangen sollte, wusste ich nicht. Aber das war mir zu diesem Zeitpunkt vollkommen egal. Mich interessierte einfach das Thema und ich spürte irgendwo tief im Bauch, dass da etwas Großes auf mich wartete. Für meine Diplomprüfung an der Universität Bochum konzentrierte ich mich auf drei Fächer: Pflanzenphysiologie, die Lehre der Pflanzen und wie sie funktionieren. Allgemeine Biologie oder Zellbiologie, also die Grundlagen der Körperzellen, und – das wurde sehr wichtig für mich – klinische

Chemie, also die chemischen Vorgänge im Körper. Diese drei Fächer bilden bis heute die Grundlage für meine wissenschaftliche Arbeit und den Erfolg in meinem Beruf.
Aber erst einmal musste ich, durfte ich dank meiner 1,3-Note an der KFA Jülich den praktischen Teil meiner Diplomarbeit machen. Das erfüllte mich schon mit Stolz, denn Jülich war und ist das Mekka der deutschen Forschung. Dort arbeiteten damals ca. 5.000 Wissenschaftler interdisziplinär zusammen – u.a auf den Gebieten der Chemie, Medizin, Reaktorforschung, Wetter-Entwicklung, Agrar-Wissenschaft, biologische Abwasserreinigung und Biotechnologie.

Wie ich auf die Algen kam

Auf der Suche nach einem passenden Thema für meine Diplomarbeit schlug mir Professor Soeder folgendes vor: "Herr Hartig, schreiben Sie doch Ihre Arbeit über Abwasserreinigung. Dieses Thema wird in Zukunft eine immer größere Bedeutung erlangen". Also hab' ich mir das angeschaut. Aber das war gar nicht mein Ding – diese graue stinkende Brühe, nein danke, auch wenn's zum Wohl der Menschheit war, damit wollte ich mich nun wirklich nicht beschäftigen. Bei meinen Streifzügen durch das Forschungszentrum entdeckte ich im Keller des Instituts für Biotechnologie III große grüne Algenbecken. Von deren Existenz hatte ich gar nichts gewusst. Auf meine Frage, was das genau denn sei, ließ man mich wissen, dass ich vor einem Becken mit Mikroalgen stehen würde. Das war doch etwas ganz anderes als die stinkende Abwasserbrühe. Das waren Wasserpflanzen, die kannte ich, das hatte ich gelernt. Ich hatte mein Thema gefunden. Jetzt musste ich nur noch Professor Soeder von meinem Plan überzeugen. Als ich ihm erklärte, dass ich über Mikroalgen und die von ihnen in Gang gesetzten biologischen Prozesse schreiben wollte, sah ich, wie seine Augen zu leuchten begannen."Wirklich?", fragte er langsam. Was ich nicht wusste: Professor Soeder war einer der Pioniere der deutschen Algenforschung. Deshalb die leuchtenden Augen und deswegen seine ehrliche Freude über mein Interesse an seinem wissenschaftlichen Steckenpferd. Die Erforschung der Mikroalge lag ihm sehr am Herzen, aber er warnte mich: "Haben Sie sich das auch gut überlegt?! Das große Geld ist nach heutigem Stand mit Algenforschung nicht zu verdienen. Keine Ahnung, wie viel Forschungsgelder wir generieren können...?!" Aber seine Augen strahlten, meine auch. Mein Entschluss stand fest: "Herr Professor, darüber schreibe ich meine Diplomarbeit!"
Um's gleich vorweg zu nehmen: Das wurden – was die Wissenschaft angeht – die intensivsten Jahre meines Lebens. Gleich zu Beginn der Recherchen stieß ich auf Professor Grobbelaar, wie Soeder ein Pionier der Algenforschung. Der Mann aus Südafrika arbeitete damals an einem Modellversuch, um das Algenwachstum zu optimieren. Die Aufgabe war: Das theoretische Modell, das er sich ausgedacht hatte, in praktischen Feldversuchen zu verifizieren. Zusammen mit Dr. Frida Mohn habe ich Versuchsanlagen aufgebaut – das waren Becken mit 300 Liter Wasser, in denen wir Mikroalgen unter veränderten physiologischen Bedingungen kultivierten. Die Ausgangsfragen: Wie viel Sauerstoff produzieren die Algen? Wie entwickeln sie sich, wenn man sie mit einem bestimmten Licht bestrahlt oder die Rührgeschwindigkeit verändert?

Peter Hartig *(Mitte) mit zwei seiner Kollegen*

Forschungszentrum Büsum: (v.r.n.l.) Dr. Peter Hartig mit seinen Forschungsleitern Dr. Lippemeier und Dr. Hintze beim Messen der Algen

Es gab zig Möglichkeiten, zig Alternativen und zig Parameter, um die Algenproduktion zu messen. Genau diese Becken setzen wir noch heute im Forschungszentrum meiner Firma BlueBio Tech in Büsum ein. Meine erste Aufgabe bestand darin, die 300-Liter-Becken luftdicht abzuschließen. Das war eine unheimliche Tüftelei, eine Herausforderung sondergleichen. Damals habe ich begriffen, dass große Wissenschaftler genauso positiv verrückt sein müssen wie große Künstler. Nur wer begeistert ist, mehr noch: besessen und 120 Prozent gibt, kommt weiter und wird Erfolg haben. Ich führte Messreihen durch, wo man alle 30 Minuten die Entwicklung dokumentieren musste. Tagelang, wochenlang, 24 Stunden, sieben Tage die Woche, rund um die Uhr. An geruhsamen nächtlichen Schlaf ist da nicht zu denken. Im Grunde musste man sein ganzes Leben auf das Experiment und die Versuchsreihe ausrichten. Es gab da keinen gemütlichen Mittelweg, nur ganz oder gar nicht! Im Rahmen meiner Diplomarbeit habe ich ein ganzes Jahr an dieser Studie gearbeitet. Natürlich hatte Professor Soeder die nötigen Gelder zur Finanzierung der Studie zur praktischen Diplomarbeit besorgt. Er mochte mich, ich mochte ihn. Wir lagen auf einer Wellenlänge. Ich bin bis heute dankbar, dass ich einen so tollen Menschen und Wissenschaftler kennenlernen durfte. So jemanden wie Professor Soeder trifft man nämlich nicht alle Tage und meistens nur einmal in einem Leben. Wie um meinen Dank auch ihm gegenüber zu manifestieren, schloss ich meine Diplomarbeit mit einer glatten Eins ab, das war nicht die Regel bei forschungsgestützten Arbeiten. Als das Ende der Studie abzusehen war, fragte mich Professor Soeder: "Peter, was machen Sie danach?" Gute Frage, nächste Frage. Um ehrlich zu sein: Ich wusste es nicht! Was ich aber wusste, war, dass ich mein Thema gefunden hatte – Algen, Mikroalgen. Die Erforschung dieser Wasserpflanzen, sowohl im Süßwasser, als auch im Meer, war mir Freude, Leidenschaft und Arbeit in einem. So fühlt sich das also an, wenn man seine Berufung gefunden hat? Ein Gefühl, das ich jedem wünsche. Mit einem mal trennt man nicht mehr zwischen Arbeit und Leben – egal, ob ich 12 oder 16 Stunden im Institut verbrachte, Freizeit und Wochenenden 'opferte', das war mein Leben und es fühlte sich gut an. Es passte! Alle, die das erleben durften und dürfen, sprechen von Glück, Zufriedenheit, von innerer Ruhe und tiefer Erfüllung. Ich tue das auch. Ich wusste: Das war mein Lebensthema. Der kleine Junge aus Duisburg war jetzt also diplomierter Algenforscher. Und bald sogar mit Doktortitel. Das machte mich stolz!

Doktorarbeit

Aufgrund meiner Einser-Diplomarbeit lag es nahe, meine akademische Laufbahn mit einem Doktortitel abzuschließen. Ich fragte Professor Soeder, ob ich sie an der KFA (Kernforschungsanlage) Jülich machen könne, und er nickte. Diesmal erhielt ich sogar ein Stipendium für die nächsten drei Jahre, das war gewöhnlich der Zeitraum, den man für eine Arbeit anberaumte und auch brauchte. Mein Doktorvater war natürlich Professor Soeder. Als Stipendiat konnte man ganz gut leben; viel Zeit, um Geld auszugeben, hatte man eh nicht. Es ging vielmehr darum, optimale Bedingungen für den Forschungsteil der Doktorarbeit zu schaffen – und da war ich in Jülich bestens aufgehoben. Dank der üppigen Forschungsgelder waren die Arbeitsbedingungen mehr als optimal. Und ich war auf dem Weg in die deutsche Forschungselite.

Das Thema meiner Doktorarbeit war, in normalem Deutsch: 'Wie kann man Algen in großen Mengen unter optimalen Lichtbedingungen kultivieren?' In der wissenschaftlichen Sprache lautete der genaue Titel: "Modellversuche zur planktischen Primärproduktion in periodischem Wechsellicht des Sekunden- bis Minutenbereichs". Es galt, folgende Frage vollumfänglich zu beantworten: Welche Bedingungen sind für das Wachstum und die Produktion von Algen optimal? Algen brauchen Licht. Damit dieses Licht nach unten dringt, mussten wir die Algen im Sammelbecken immer wieder 'durchmischen'. Durch diese von uns erzeugte Turbulenz konnte das Algenwachstum und damit die Produktivität vermehrt werden.

Der Hintergrund war, Algen für die Ernährung der Menschheit zu nutzen. Die Idee dieses Gedankens: Algen sind unglaublich nährstoffreich. Sie sind ernährungstechnisch gesehen ein Wunderwerk, das Proteine, Aminosäuren, Enzyme, Vitamine und zig sekundäre Pflanzenstoffe* enthält. Algen sind von der Zusammensetzung her wesentlich wertvoller als das beste Getreide. Wir versuchten, eine Antwort auf die Frage zu liefern, welche Rolle Algen im Gesamtökosystem und in puncto Ernährung der Menschheit einnehmen können. Ein Riesenthema angesichts der damals schon ständig wachsenden Weltbevölkerung (siehe dazu auch Seite 60). Zum Jahreswechsel 2014/15 umfasste die Weltbevölkerung rund 7,28 Milliarden Menschen.

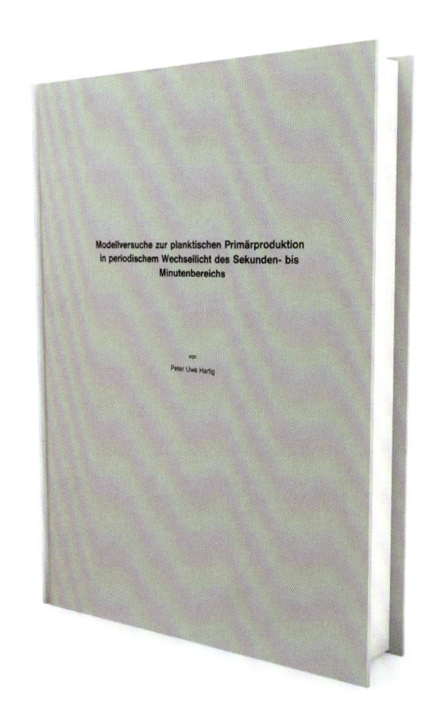

In normalem Deutsch lautete der Titel der Doktorarbeit: *'Wie kann man Algen in großen Mengen unter optimalen Lichtbedingungen kultivieren?'*

**Sekundäre Pflanzenstoffe (auch Sekundärmetaboliten, sekundäre Pflanzeninhaltsstoffe, Phytochemikalien, im naturheilkundlichen Bereich auch Phytamine genannt) sind bestimmte chemische Verbindungen, die von Pflanzen weder im Energiestoffwechsel noch im aufbauenden (anabolen) oder im abbauenden (katabolen) Stoffwechsel produziert werden. Sie werden nur in speziellen Zelltypen hergestellt und grenzen sich von primären Pflanzenstoffen dadurch ab, dass sie für die Pflanze nicht lebensnotwendig sind. Sekundäre Pflanzenstoffe gehören zu den Naturstoffen und haben einen hohen Stellenwert für den Menschen. Oft werden Pflanzen nur aufgrund dieser Verbindungen angebaut. Ihre Biosynthesewege fasst man unter dem Begriff Sekundärstoffwechsel zusammen. Sekundärmetaboliten leiten sich von Produkten des anabolen und katabolen Stoffwechsels ab, hauptsächlich Carbonsäuren, Kohlenhydraten und Aminosäuren. Quelle: Wikipedia*

"Die UNO rechnet für den Zeitraum 2015 bis 2020 mit einem Bevölkerungswachstum von rund 78 Millionen Menschen pro Jahr. Die Vereinten Nationen erwarten 2050 etwa 9,6 Milliarden Menschen auf dem Globus und prognostizieren zu Beginn des 22. Jahrhunderts eine Stabilisierung auf etwa neun Milliarden Menschen". (Quelle: Wikipedia) Und all diese Menschen müssen ernährt werden. Und deswegen galt in diesem Zusammenhang, Algen so kultivieren zu können, dass sie wirtschaftlich nutzbar sind. Und an diesem Punkt wurde die Turbulenz eminent wichtig. Die Frage war somit mehr als berechtigt: Kann man bei einer bestimmten Turbulenz, die die Algen öfter ans Licht bringt, Produktivität und Wachstum nachhaltig steigern? Denn je produktiver die Algen sind, desto mehr Biomasse kann man erzeugen und desto größer ist der Nutzen, den man daraus ziehen kann – für die Ernährung einer ständig wachsenden Weltbevölkerung.
Nach gefühlt unendlich vielen Versuchsreihen konnten wir am Ende tatsächlich den wissenschaftlichen Beweis antreten, dass die Turbulenz und das Durchmischen der Algen im Becken das Wachstum und die Produktivität der Algen steigerte. Das war der Durchbruch! Durch zahlreiche Versuchsreihen im Minuten- bis Sekundenbereich konnte ich genau feststellen, wie viel Licht in welchem Turnus für die Produktion der Algen optimal ist. Dass ich derart präzise arbeiten konnte, war nur möglich, weil die KFA Jülich einem einfachen Doktorand wie mir einen eigenen Forschungsetat bewilligt hatte. Das war die für damalige Verhältnisse enorm hohe Summe von 300.000 D-Mark. Dafür bin ich den verantwortlichen Herren bis heute unglaublich dankbar. Denn ohne dieses Geld wären meine Experimente und Tests gar nicht möglich gewesen. Ich konnte neuartige Bioreaktoren, Sauerstoff-Elektroden, pH-Elektroden und Lichtmessgeräte kaufen, die für meine Versuchsanordnungen unentbehrlich waren. Aus eigener Tasche hätte ich das nie bezahlen können, denn diese Gerätschaften sind – weil sie keine Massenware sind – wirklich sehr teuer.

50 Prozent des gesamten Sauerstoffes auf der Erde wird von Algen im Ozean gebildet

Hinterm Rednerpult und auf der Bühne

Es erfüllte mich mit Stolz, dass ich meine Forschungsergebnisse auf internationalen Tagungen vorstellen konnte. Und mein Förderer, Professor Soeder, beobachtete mich bei all dem und hat es wohl als erster bemerkt: 'Der Hartig ist ja ein bisschen schüchtern, aber er hat Potential! Er kann gut Wissen vermitteln, wenn er mal da oben steht und seine Scheu überwunden hat'. Eines Tages sprach er mich an und sagte: "Können Sie sich vorstellen, im Bereich Öffentlichkeitsarbeit für die KFA Jülich tätig zu werden? Wär' das nichts für Sie, Peter? Machen Sie das, es schleift fürs Leben." Okay, warum eigentlich nicht? Erstens konnte ich Professor Soeder eh keine Bitte abschlagen und zweitens konnte ich auf diese Weise mein Doktoranden-Gehalt ein bisschen aufbessern. Also gesagt, getan. Eines schönen Tages – ich werde das nie vergessen – stand ich in einem Hörsaal der KFA Jülich einem großen Publikum gegenüber.

"Der Hartig ist ja ein bisschen schüchtern, aber er hat Potential! Er kann gut Wissen vermitteln, wenn er mal da oben steht und seine Scheu überwunden hat."

Professor Soeder

Bis heute hält Dr. Peter Hartig *häufig Vorträge zum Thema Algen*

Und ich hatte das große Vergnügen, einen einführenden Vortrag über den interdisziplinären (fachübergreifenden) Forschungsansatz der KFA Jülich GmbH zu halten. Themen gab es ja in Hülle und Fülle: Atomkraft, Fusionsreaktor, medizinische Forschung, geochemische Exploration. Diese Vorträge erlaubten mir den Blick hinaus über den Tellerrand meines eigenen Fachgebietes. Das war nicht nur sehr befruchtend, sondern hat mir auf meinem weiteren Berufsweg sehr geholfen. Beim Homeshopping-Kanal HSE24 mache ich ja heute nichts anderes, als vor einer großen Gruppe von Fernsehzuschauern einen Sachverhalt, ein Wissensgebiet oder eben ein Produkt zu präsentieren. Aber zurück nach Jülich. Dort übernahm ich zusätzlich Führungen und habe Besuchern die unterschiedlichen Institute und deren Forschungsarbeiten präsentiert. Das alles machte mir Spaß, und die Schüchternheit wich einer immer professioneller werdenden Lehrtätigkeit. Inzwischen durfte ich auch Fachkongresse für Algenforschung besuchen und entdeckte bei diesen Gelegenheiten, welche Rolle die Algen im Weltökosystem spielen. Hätten Sie's gewusst? Dass Algen 50 Prozent des gesamten Sauerstoffes auf der Erde erzeugen. Ich habe es bei einem dieser Kongresse erfahren: 50 Prozent des gesamten Sauerstoffes auf der Erde wird von der Primärbiomasse im Ozean gebildet. Immer wieder wird vollmundig erzählt, der tropische Regenwald sei die Lunge der Welt. Sicher erfüllt der Regenwald viele klimatische Aufgaben, aber der für uns Menschen überlebenswichtige Sauerstoff wird zum größten Teil von den Mikroalgen produziert.

Die legendäre Gordon-Konferenz 1988 in Newport (Dr. Peter Hartig, 1. v. l. unten)

Bei einer Zusammenkunft anlässlich der legendären Gordon-Konferenz 1988 * schloss sich für mich der Kreis. Das interdisziplinäre Gespräch mit Klimaforschern, Mikrobiologen, Öko- und Ökosystemspezialisten war nicht nur spannend wie ein Hitchcock-Krimi, sondern gleichzeitig auch Ansporn für weitere wissenschaftliche Arbeit. Diese traumhaften Arbeitsbedingungen hatte ich – na, wem wohl? Richtig! – Professor Soeder zu verdanken. Er hat mich stets ermuntert, internationale Kontakte zu pflegen und hochkarätige Konferenzen zu besuchen. Und so kam ich richtig herum in der Welt: Denver, Seattle, San Diego, Hawaii... Und bei diesen Treffen lernte ich alle Koryphäen der Algenforschung kennen. Wie lehrreich das ist, kann man sich kaum vorstellen. Jedes Mal kam ich mit neuen Eindrücken, frischen Ideen und gesteigerter Motivation von diesen Treffen nach Deutschland zurück. Mit meinem Arbeitskollegen Erich Zander habe ich neu gewonnene Erkenntnisse im Bereich der Abwasserreinigung angewendet. Und nach einigen Forschungen haben wir eine neue Form der Nitrifizierung entwickelt, ein Verfahren, dass den Nutzern sehr viel Geld spart. Münchens Abwasser wird inzwischen so gereinigt. Für die klassische Abwasserreinigung brauchte man stets zwei Becken – in dem einen wurde Ammoniak abgebaut, in dem anderen Nitrat. Bei unserem Verfahren steuert man den Sauerstoff- und Stickstoffgehalt so, dass man für Ammoniak- und Nitratabbau nur noch ein Becken benötigt. Bedeutet: Man muss nur noch ein Becken planen, bauen, instand halten usw. Dieser Steuermechanismus, den wir entwickelt haben, war bahnbrechend.

Max-Planck-Institut für Evolutionsbiologie in Plön

Das Glück gehört den Tüchtigen! Auf einem Algenkongress hörte ich von einem Forschungsexperiment am Max-Planck-Institut im schleswig-holsteinischen Plön, damals Institut für Limnologie. Als ich dort vorstellig wurde, sagte man mir: "Ja, einen Forschungsplatz haben wir. Wir sind auch bereit, Sie zu betreuen. Aber die Gelder müssen Sie aus Jülich mitbringen. Wenn Jülich das nicht finanziert, geht's nicht!" Ob Hollywood-Blockbuster, Rabattwünsche beim Autokauf oder Finanzierung eines

* *"The Gordon Research Conferences were initiated by Dr. Neil E. Gordon, of the Johns Hopkins University, who recognized in the late 1920s the difficulty in establishing good, direct communication between scientists, whether working in the same subject area or in interdisciplinary research. The Gordon Research Conferences promote discussions and the free exchange of ideas at the research frontiers of the biological, chemical and physical sciences". taken from: www.grc.org/about.aspx*

Forschungsauftrages – das Geschacher ums Geld ist überall gleich. Zurück in Jülich habe ich die Angelegenheit mit Professor Soeder besprochen und er sagte direkt: "Ich werde mich dafür einsetzen, dass Jülich das querfinanziert. Denn das Projekt ist gut!" Auch auf die Gefahr hin, dass ich mich wiederhole: Diesen Mann hat mir der Himmel geschickt. Er war völlig uneitel, durch und durch ein Anthroposoph, der an den Menschen, die Wissenschaft – und auch ein bisschen an mich – glaubte. Dafür werde ich ihm bis zu meinem letzten Atemzug dankbar sein.

"Ich werde mich dafür einsetzen, dass Jülich das querfinanziert. Denn das Projekt ist gut!"
Professor Soeder

Der Vorstand der KFA Jülich hat Soeders Ansinnen zugestimmt und so konnte ich loslegen. Eine neue Aufgabe, ein neues Ziel, ein Traum. Und ich durfte sogar mein Forschungslabor im Wert von 300.000 Mark mitnehmen. Das wurde dann eines schönen Tages auf einen Lkw gepackt und so fuhr ich beim Max-Planck-Institut in Plön vor. Mein Betreuer war Professor Ulrich Sommer. Er war auf dem Gebiet der Limnologie eine Koryphäe und hatte schon mehrere Bücher zu diesem Thema veröffentlicht. Ein etwas introvertierter, unglaublich ehrgeiziger und ergebnisorientierter Wissenschaftler, der bestens vernetzt war. Nach einigen Monaten kam er auf mich zu und sagte, dass es an der EAWAG in Dübendorf/Schweiz einen Doktoranden gibt. Dieser wiederum unterhalte an dem renommiertesten Forschungszentrum der Schweiz, der ETH Zürich, eine Außenstelle. "Da müssen Sie unbedingt mal hinfahren und einen Vortrag halten. Das ist gut für Ihre und unsere Reputation!" Gesagt, getan. Ich hielt vor der Créme de la Créme der schweizerischen Forschung einen Vortrag über die bisherigen Ergebnisse meiner Doktorarbeit. Und diesen Job habe ich wohl ganz ordentlich hinbekommen. Erst später habe ich erfahren, wer da so alles im Publikum war. Professor Dieter M. Imboden beispielsweise, der sich als Umweltphysiker und Wissenschaftsmanager hervorgetan hat. Nach meinem Vortrag kam er auf mich zu und sagte: "Herr Hartig, so etwas habe ich ja noch nie gehört. Das war ganz große Klasse! Und noch etwas: Was halten Sie von der Forschungsarbeit unseres Doktoranden?" Ich kannte die Arbeit und brachte meine kritischen Anregungen ein. Imboden schaute mich fasziniert und zustimmend an: "Ja, dann müssen wir das verändern und einarbeiten!" Ich traute meinen Ohren nicht. Was hatte Professor Imboden da gerade gesagt? Wie viel Vertrauen brachte mir dieser Mann entgegen? Viel. Er wurde der nächste Wissenschaftler, der mich sehr förderte. Das war ein echtes Privileg. Ein paar Wochen später sprach er mich erneut an: "Wissen Sie was, Hartig? Sie sind ja eigentlich fertig mit Ihrer Doktorarbeit. Ich würde Ihnen gerne eine feste Stelle als Post-Doktorand anbieten. Wir zahlen Ihnen 10.000 Schweizer Franken im Monat". Mannomann, das war richtig viel Geld für mich und nicht nur deswegen sagte ich begeistert zu. Das Angebot von Professor Imboden kam im August. Am 1. Januar des nächsten Jahres sollte ich die Stelle antreten. Für die Fertigstellung meiner Doktorarbeit blieben mir also noch knapp vier Monate. Ich musste Vollgas geben. Aber die Doppelbelastung aus Doktorarbeit und praktischer Arbeit war unglaublich nervenaufreibend und eigentlich nicht machbar. Irgendwann als der Stresspegel immer mehr anstieg, bin ich zu Professor Imboden gegangen – dem Mann, der heute den größten Forschungsetat der Welt verwaltet – und habe ziemlich kleinlaut mein Problem geschildert: "Herr Professor, meine Frau lebt in Hamburg, und ich fahre jedes Wochenende mit dem Nachtzug von Zürich nach Hamburg und in der Nacht von Sonntag auf Montag wieder zurück ins Institut. Mir wächst der berufliche und private Druck gerade etwas über den Kopf!" Sehr zu meiner Verwunderung war dieser einflussreiche Mann überaus verständnisvoll: "Sie brauchen eine Auszeit. Was können wir tun?" Da hatte ich sofort eine Idee parat.

Max-Planck-Institut *für Evolutionsbiologie in Plön*

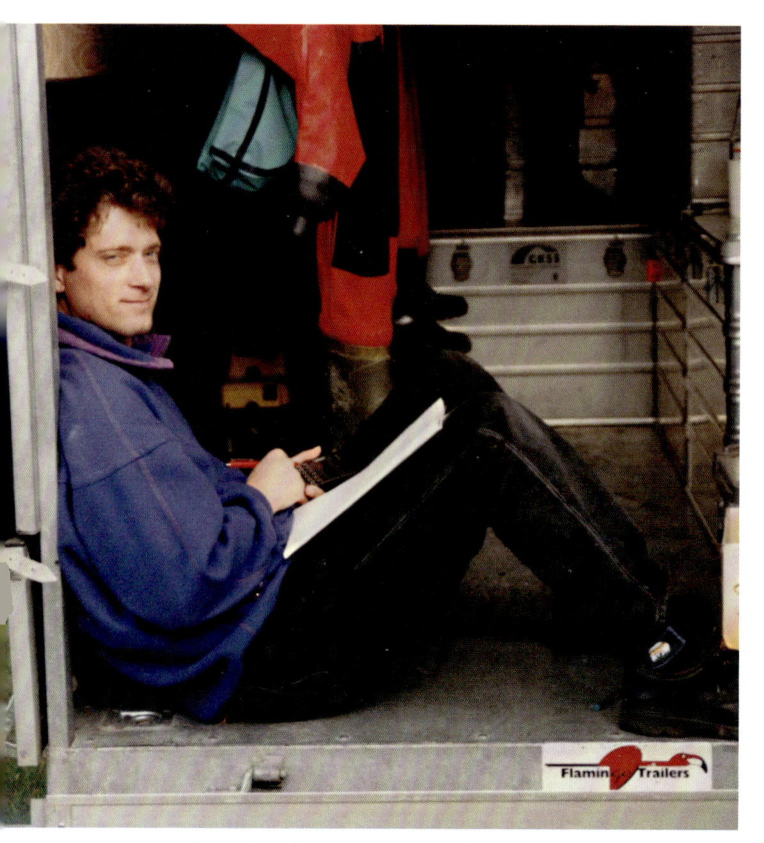

Peter Hartig *mit einem Teil seines Forschungslabors*

Auf einer der langen Bahnfahrten von und nach Hamburg hatte ich auf NDR4 einen Reisebericht über Neuseeland gehört und war direkt begeistert. Die Gesänge der eingeborenen Maori hatten mich zu Tränen gerührt. Diese Menschen wollte ich kennenlernen und weit weg von allen Sachzwängen mal komplett abschalten. "Da würde ich gerne mit meiner Frau hinfahren!" – "Okay! Wie lange brauchen Sie?" – "Sechs Wochen!" Das ging in Ordnung und so fuhr ich also mit meiner damaligen Frau Kathleen über Weihnachten nach Neuseeland – und wir hatten eine ganz zauberhafte und sehr intensive Zeit. Damit nicht genug. Professor Imboden hatte mir nicht nur die sechs Wochen Urlaub-Auszeit in Neuseeland bewilligt, er gab mir danach noch weitere sechs Wochen frei, damit ich mich voll und ganz auf die Fertigstellung meiner Doktorarbeit konzentrieren konnte. Und das alles bei voller Bezahlung. Viel besser konnte es wirklich nicht kommen. Was für ein großherziger Mann. Ohne seine Förderung wäre ich sicherlich nicht da, wo ich bin. Auch ihm bin ich unendlich dankbar.

Nach dem traumhaften Urlaub in Neuseeland musste ich wirklich ran. Ich hatte noch genau sechs Wochen, um die Doktorarbeit endlich abzuschließen. Und das tat ich dann in der Abgeschiedenheit des Wallis. Dort hatte der Vater eines guten Freundes ein Chalet, das er mir freundlicherweise zur Verfügung stellte. Es gab dort keinerlei Ablenkung, nichts, was von außen auf mich Einfluss nahm. Das Chalet war riesig, 300 Quadratmeter Wohnfläche. Peter allein zuhause. Manchmal beobachtete ich einen Milchbauern, der seine Kühe auf die Alm trieb. Er schien total zufrieden, ruhte in sich. Ein großartiges Bild. Mehr Ablenkung gab es nicht. Ich war hoch motiviert und arbeitete Tag und Nacht. Und siehe da: Die Doktorarbeit wurde fertig. Der Titel, den ich vorne schuldig geblieben bin, lautete "Produktivität von Mikroalgen im Sekunden- bis Minutenbereich". Die Arbeit wurde mir "summa cum laude" (mit höchstem Lob), der besten Note, ausgezeichnet. Ich war stolz wie Bolle. Es gab dann noch eine mündliche Prüfung zum Thema. Aber da ich nicht mehr durchfallen konnte, sah ich der sehr entspannt entgegen und habe das dann auch gut hinbekommen.

Ich muss gestehen: An den entscheidenden Schnittpunkten meines Lebens hatte ich immer Glück. Aber wie eingangs gesagt: Das Glück gehört den Tüchtigen. Und tüchtig war ich und bin es bis heute. Das, was man mit hundertprozentigem Einsatz macht, das, was man mit Leidenschaft und Hingabe macht, gelingt. Man muss von seiner Sache felsenfest überzeugt sein, dann wendet sich alles zum Guten. Wenn Du auch nur den geringsten Zweifel hegst, lass besser die Finger davon. Denn dann geht es schief. Es bleibt Stückwerk. Und halbe Sachen sind mir eine Gräuel.

"Produktivität von Mikroalgen im Sekunden- bis Minutenbereich". Die Arbeit wurde mir "summa cum laude", der besten Note, ausgezeichnet.

Konstanz am Bodensee mit seiner historischen Häuser-Front

Wechsel nach Konstanz

Von 1991 bis ca. 1995 wurde ich unter der Leitung von Professor Max M. Tilzer als Teil-Projektleiter des SF9 ans limnologische Institut Konstanz berufen. Das Spannende war, dass dieses Projekt zur Erforschung des Bodensees ebenso wie die Arbeit in der KFA Jülich interdisziplinär und ökosystemorientiert angelegt war. Da arbeiteten Chemiker, Physiker, Zoologen, Algologen; selbst Raumfahrtforscher in einem Team. Das Ziel war herauszufinden, welche Auswirkungen die Primärproduktion von Algen auf den Bodensee und übergreifend auf das Weltgeschehen hat. Wir wissen ja, dass Algen als Sauerstofflieferanten das Leben auf diesem Globus erst ermöglicht haben.

Ich habe in dieser Zeit sehr viel über Algen-Wachstum gelernt. Man konnte – je nach saisonaler Beschaffenheit des Bodensees – erleben, wie auf einer Seeseite die Blüten hoch kamen, wie sich die Algen in einem gewissen Gebiet und zu einer bestimmten Zeit explosionsartig vermehrten, abhängig von den Nährstoffverhältnissen und der Sonneneinstrahlung. Es gibt etwa 50 Algenarten im Bodensee und so konnte man verschiedenste Beobachtungen anstellen. Diese wurden dann mit den Satellitenfotos abgeglichen und viele der Erkenntnisse aus dieser Zeit kommen noch heute weltweit bei Modellversuchen zum Tragen.

Besonders beeindruckt hat mich die interdisziplinäre Arbeit – mit den "Raumfahrern" aus Garching, mit Physikern und Zoologen, usw. Wir waren eine verschworene Gemeinschaft, sind zusammen rausgefahren und haben den schönen Bodensee "beprobt". Der allgemeine Nutzen dieser Forschung bestand darin, dass Erkenntnisse von damals bis heute in die Beurteilung des primären Wachstums von Algen einfließen. Der individuelle Nutzen für mich war: Ich habe das Ökosystem Wasser besser verstehen gelernt. Das Zusammenspiel beim Wachstum der Algen, Nährstoffgehalt des Wassers, Sonneneinstrahlung, Randbedingungen – das hat mir später bei der Kultivierung von Algen sehr geholfen.

Der Antarktische Krill *aufgenommen in der Nähe der Antarktischen Halbinsel*

1992 übernahm Professor Tilzer das Amt des wissenschaftlichen Direktors des Alfred-Wegener-Instituts, Helmholtz-Zentrum für Polar- und Meeresforschung (AWI) in Bremerhaven, und das Management des dazu gehörigen Forschungsschiffs Polarstern sowie mehrerer wissenschaftlicher Forschungsstationen in beiden Polarregionen. Ich wurde oft eingeladen und durfte erleben, wenn die Forschungsteams aus der Arktis zurückkamen und ihre Ergebnisse präsentierten… und das war bahnbrechend. Man hat unter anderem festgestellt, dass Krill – diese Kleinkrebsart ist die Hauptnahrung der Walarten – sich von Algen, die unter dem Eis an Felsen wachsen, ernähren. Der Krill grast die Felsen quasi ab. Wenn die Eisfläche schmilzt, hat das Auswirkungen auf die Algen, dann auf den Krill-Bestand und schließlich auf die Wale, die sich von dieser 'Biomasse' ernähren und täglich circa zwei Tonnen von diesen proteinreichen Tierchen futtern. Über den Weg, den die wichtigen Omega-3-Fettsäuren nehmen, nämlich Algen, Krill, Wale und Fische werden wir an anderer Stelle sprechen. Es beginnt alles mit den Algen...

Ich habe damals des Öfteren unsere Forschungsergebnisse präsentiert und bei einem Vortrag kam jemand zu mir und bot mir eine Stelle in Büsum an. Da meine Frau und ich bis dahin nur eine Wochenendbeziehung führen konnten – sie wohnte in Hamburg, ich arbeitete in Konstanz –, wollte ich eh zurück in den Norden. Und von 1995 bis 2000 habe ich dann in Büsum gearbeitet.

Ziel war es u.a., die Primärproduktion der Algen zu bestimmen, allerdings mit ganz neuen Methoden. Wir haben dort ein PAM-Gerät für Algen weiterentwickelt. Ich nenne es liebevoll 'EKG für die Algen'. Das zeigt an, wie sich die Alge fühlt, wie die Photosynthese läuft, wie aktiv sie ist, ob sie sich in der Produktionsphase befindet usw. Heute setzen wir das weiterentwickelte Gerät in Büsum und Teneriffa ein, und können damit bestimmen, ob die Algen reif sind für die Ernte, ob sie alle Nährstoffe enthalten oder ob wir die Produktion noch einmal beschleunigen müssen. Wenn zum Beispiel ein Nährstoff fehlt, lässt die Photosynthese nach. Das können wir dann durch Zugabe des Nährstoffs regulieren und so das Wachstum der Pflanze optimieren. Diese Methoden haben wir in unserem Forschungszentrum in Büsum so perfektioniert, dass wir immer wissen, in welchem Zustand die Pflanzen sind. Durch dieses permanente Monitoring der Algen – in dieser Beziehung sind wir weltweit führend –, können wir eine sehr hohe Produktqualität gewährleisten. In unseren Pflanzen und Extrakten ist genau das drin, was auch versprochen wird.

Die Forschung in Büsum war eine unheimlich spannende Zeit, und ich denke gerne daran zurück, wie wir bei Windstärke 10 bis 12 auf der Nordsee herumschipperten und unsere Messungen vornahmen. Wer schon einmal bei dieser Windstärke draußen war, weiß, wovon ich rede. Uns allen war todschlecht, aber wir haben das – auf Deck und unter Deck angeseilt – durchgezogen. War extrem aufreibend, aber Meeresbiologie pur.

Das hat mir noch einmal das Wunder des Meeres aufgezeigt – und wie wichtig Algen in diesem Lebensraum sind. Das Wattenmeer, inzwischen ja zum Weltnaturerbe*

**Die UNESCO, die Organisation der Vereinten Nationen für Bildung, Wissenschaft, Kultur und Kommunikation, hat das deutsche und niederländische Wattenmeer Ende Juni 2009 in die Liste des Welterbes aufgenommen. 2014 wurde das Gebiet um das dänische Wattenmeer erweitert. Damit steht jetzt das gesamte Wattenmeer auf einer Stufe mit anderen weltberühmten Naturwundern wie dem Grand Canyon in den USA und dem Great Barrier Reef in Australien, die ebenfalls zum Weltnaturerbe gehören. Quelle: http://www.nationalpark-wattenmeer.de/sh/weltnaturerbe*

ernannt, ist Brutstätte und Lebensraum für Krebse, Krabben, Fische, Kleintiere. Auch dort sind Algen das Hauptnahrungsmittel anderer Spezies. Eine Zeit lang haben wir auch auf Sylt gearbeitet und dort mit dem PAM-Verfahren bei Makro- und Mikroalgen die Photosynthese-Rate bestimmt. Im dortigen Wattenmeer habe ich erlebt, wie man Phytoplankton aus dem Meer gefördert hat. Das sind große Matten, aus denen man mittels eines Spezialverfahrens einen Algen-Extrakt gewinnt, der z.B. in der Kosmetiklinie "La Mer" enthalten ist. Das war eine sehr aufschlussreiche und spannende Zeit.

Sanatur in Singen

Wie ging es für mich weiter? Irgendwann war das Forschungsprojekt in Büsum zu Ende. Es hatte einen Regierungswechsel gegeben. Es wurden neue Projekte aufgelegt. Ich wollte gerne mit dem PAM-Verfahren und der Algen-Forschung weitermachen, aber damals wurden erst einmal andere Prioritäten gesetzt. Die akademische Laufbahn – das hatte ich bis dahin verstanden – war sowieso nichts für mich. Zu viel Theorie, zu viel Elfenbeinturm, zu wenig Praxis, zu wenig angewandte Wissenschaft. Ich besuchte zu dieser Zeit einen Vortrag im italienischen Montecatini Terme. Und manche dieser Vorträge können – wie soll ich es sagen – sehr mühsam, sehr theoretisch, sehr trocken sein. Für einen Wissenschaftler sicherlich hoch interessant, für einen praktisch orientierten Menschen wie mich eher eine Geduldsprobe.

"Herr Dr. Hartig, Ihr Vortrag war so ganz anders als die anderen. Ich habe jedes Wort verstanden und Ihre Begeisterung für Algen regelrecht gespürt!"

Herr Hau, Fa. Sanatur in Singen

Doch wie der Zufall es wollte, war auch jene Familie zugegen, die als erste Spirulina in Deutschland angeboten hat, die Familie Hau von der Firma Sanatur. Nach meinem Vortrag kam Herr Hau zu mir und sagte: 'Herr Dr. Hartig, Ihr Vortrag war so ganz anders als die anderen. Ich habe jedes Wort verstanden und Ihre Begeisterung für Algen regelrecht gespürt! Haben Sie nicht Lust, als Geschäftsführer bei uns zu arbeiten.' – 'Keine Ahnung, ob ich das kann. So etwas habe ich bislang noch nie gemacht...!', antwortete ich ihm.
Aber die Aufgabe reizte mich, da ich zum ersten Mal Wissenschaft und Betriebswirtschaft miteinander verbinden konnte. Also ging ich zunächst einmal auf Probe und ohne meine Familie von Hamburg nach Singen am Bodensee. Der Einstieg bei Sanatur verlief reibungslos, und ich begriff, dass man mit Algenprodukten wirtschaftlichen Erfolg haben kann. In Person des Gesellschafters Herrn Hau hatte ich einen strengen, aber auch sehr guten Lehrmeister. Das 'Learning By Doing' war intensiv, weil – anders als bei Versuchsreihen – Entscheidungen in der realen Welt nicht rückgängig zu machen sind und teuer zu Buche schlagen können. Die wichtigste Erkenntnis aus dieser Zeit: Wenn die Qualität der Produkte gut ist, kann man mit Algen Geld verdienen, sie vermarkten und verkaufen. Sanatur blieb allerdings ein kurzes Intermezzo. Nach drei Monaten war's vorbei.

Der Grund dafür war: Die Gesellschafter hatten mich nicht ausreichend über die Geschäftszahlen informiert, und ich bekam aus meiner Sicht nicht die letztlich notwendigen Kompetenzen als Geschäftsführer. Das abschließende Gespräch mit der Eigentümerfamilie Hau verlief dennoch freundschaftlich. Es hat nicht sollen sein. Es hat nicht gepasst, aber wir haben bis heute ein gutes Verhältnis.

Während der Zeit in Singen habe ich alles gelernt, was man über das Geschäftsleben lernen kann. Herr Hau war, wie schon gesagt, der beste Lehrmeister, den ich in dieser Beziehung haben konnte, und er hat mich wirklich geschliffen. 'So geht das nicht!', sagte er immer und zeigte mir dann, wie es ging. Schon durch die Episode 'Sanatur' war mir eines klar geworden: Ich wollte meine eigene Firma gründen. Und mit meinen 40 Jahren war es nun auch wirklich an der Zeit, diesen Schritt zu tun. Doch bevor es dazu kam, nahm ich eine Berufung nach Hawaii von der Firma Aqua Search an. Dort arbeiteten sie gerade mit Haematococcus-Algen, die ich kannte und die mich interessierten. Ein spanischer Bekannter, Miguel Olazola, rief mich an und sagte: 'Du, Peter, da wartet eine große Aufgabe in Hawaii in Sachen Primärproduktion von Algen ... willst Du nicht einmal vorbeikommen?' Okay, warum nicht!

Ich flog also nach Hawaii. Das war in der Phase, wo die Bio-Technologie und biotechnologisch-orientierte Firmen am Börsenmarkt explodierten. Seinerzeit, Ende 1999, Anfang 2000 wurde die Firma Aqua Search mit einer Milliarde US-Dollar bewertet. Ich habe mir das alles angeguckt und irgendwann – ich saß auf einer Kaimauer in Kailua-Kona, Hawaii und beobachtete zwei Meeresschildkröten, die im Wasser schwammen – nahm ich intuitiv einen Zettel aus meiner Aktentasche und begann zu rechnen. Unterm Strich stand: 'Das können wir in Deutschland auch!' Die Schildkröten nahm ich als gutes Omen. Sie schwammen völlig unbeeindruckt in dem kristallklaren Wasser herum. Hawaii war für mich damit abgehakt.
Als ich von Big Island nach Honolulu flog, konnte man spüren, dass irgendetwas in der Luft lag. Die Spannung war überall wie zum Greifen, auch am Waikiki Beach, wo ich mich gerade aufhielt. Und tatsächlich: die Börse crashte. Aqua Search, die man noch kurz vorher als Milliarden-Dollar-Unternehmen bewertet hatte, war quasi über Nacht nichts mehr wert. Sie waren ruiniert. Ende Gelände.

Die legendäre Kaimauer auf Hawaii
Während Dr. Peter Hartig die Meeresschildkröten beobachtete, kam ihm die Idee zur Gründung einer eigenen Firma

BlueBioTech und die Selbständigkeit
Als ich nach dem zweimonatigen Beratungsmandat bei der Firma Aquasearch auf Hawaii nach Deutschland zurückkam, gründete ich mit drei Partnern, jeder hielt 25 Prozent, im Dezember 2000 die BlueBioTech GmbH. Das war mein Einstieg ins Geschäftsleben, und ich ermunterte mich selbst. "Was die anderen können, das kannst Du auch!", sagte ich zu mir – und so war es auch. Das Ziel war, großflächig Mikroalgen zu kultivieren.

"Was die anderen können, das kannst Du auch!"

Ich kam sehr schnell auf den Trichter, dass wir eigenes Geld brauchten, um Forschung und Produktion zu stemmen. Das war viel besser, als mit Venture Capital, mit Risikokapital, zu arbeiten. Da war man maximal von den Geldgebern abhängig – nein, wir würden das aus eigener Kraft schaffen! Wir prüften und verglichen über 50 Spirulina-Produkte, die auf dem Markt angeboten wurden. Die besten und zuverlässigsten kamen von der chinesischen Insel Hainan. Das musste ich mir vor Ort anschauen. Ich flog also nach Hainan und habe mir die Algenfarm angeschaut. Die war in einem guten Zustand, aber nicht in dem Zustand, den ich von Jülich her gewohnt war. Gemeinsam haben wir vor Ort die Produktion, nach meinen Vorgaben, optimiert und weiterentwickelt. Das hat großen Spaß gemacht.

Neue Reinräume wurden gebaut. Die Nährstoffbedingungen wurden verbessert. Alles wurde viel sauberer. Die Sprühtrocknung wurde optimiert. Das ist ein schonendes Verfahren, bei dem die Algen bis zu einer Restfeuchte von ca. 3% getrocknet werden. Das ist die Voraussetzung für eine lange Haltbarkeit. Die Ernte wurde in den Morgen verlegt, weil die Pflanzen dann einfach mehr Nährstoffe enthalten als mittags.

Drei Jahre später haben wir eine komplett neue Farm auf der Insel Hainan, auch das Hawaii Asiens genannt, gebaut. Mittlerweile produzieren wir dort 400 Tonnen Spirulina. Um dem Leser eine Ahnung von der Dimension zu geben, die diese Farm hat: Man läuft zwei volle Stunden, wenn man die Farm einmal zu Fuß umrunden möchte. Ich bin meist mit einem chinesischen Fahrrad auf dem Gelände herum gefahren. Das war überragend!

Gao Song und Dr. Peter Hartig 2001 vor Ort auf der Algenfarm in China

BlueBioTech steht für Biotechnologie und die Kraft aus dem Wasser. Binnen kurzer Zeit rückten wir, was Algentechnologie und -forschung anging, europaweit auf Platz eins. Ich fand in Deutschland einen Partner, der Spirulina-Algen brauchte und den wir schnell, gut und mit großen Stückzahlen in bester Qualität belieferten. Den Export von China übernahm Gao Song, bis heute einer meiner besten Geschäftspartner und Freunde.

Wir hatten dank Gao die qualitativ besten Spirulina-Presslinge und belieferten damit sehr erfolgreich unseren Partner in Deutschland. In Bezug auf den Kunden galt für uns die Maxime: 'Mach das Unmögliche möglich!' Das ist uns mehrfach gelungen. Wir lieferten vier Tonnen Spirulina-Presslinge innerhalb von einer Woche und unser Abnehmer verkaufte sie via Homeshopping-Kanal. Die Erfolgsstory von BlueBioTech bekam Konturen. Doch, wie so oft, wenn Geld reinkommt, beginnt der Zwist. Der Abnehmer verhielt sich uns gegenüber nicht ganz fair und wollte die Algen in Eigenregie einkaufen. Damit konnte ich natürlich nicht einverstanden sein. Und deswegen nahm ich das Geschäft mit den Algen nun selbst in die Hand.

Das war der Startschuss für die neue Firma BlueBioTech International, die zu 100 Prozent mir gehört und die in Kombination mit dem Forschungszentrum in Büsum und den Produktionsstätten in China zum Fundament meines Erfolges wurde.

Ich hatte begriffen, was man alles mit Spirulina-Algen machen konnte, wie man sie mit anderen Produkten und Ingredienzien verbinden und verknüpfen konnte. So entstand unsere riesige und innovative Produktpalette, von der wir bis heute im Homeshopping-Kanal bei HSE24 profitieren. Unser Angebot umfasst heute weit über 50 Produkte, die zum größten Teil auf der gesundheitsfördernden Wirkung der Spirulina-Alge basieren. Meine Aufgabe besteht darin, die Wirkstoffe der Alge optimal in einem Produkt zur Entfaltung kommen zu lassen oder – anders ausgedrückt – optimale Kombinationen zu finden.
Später kam dann die Produktionsstätte auf Teneriffa hinzu und so hat sich der Kreis geschlossen. Dazu gleich mehr.... Ich bin 2000 an den Start gegangen und wollte Haematococcus-Algen kultivieren. Das hat aus vielen Gründen nicht geklappt. Aber 2011 habe ich dann beschlossen: 'Wir machen das jetzt!' Der Traum, den ich bei der Firmengründung hatte, muss nun endlich wahr werden. Wir sind europaweit die einzige Firma, die unter freiem Himmel und mit Sonnenlicht diese Algen kultiviert. Und der Kunde profitiert von dem hohen und immer gleichen Qualitätsstandard mit einer sehr hohen Astaxanthin-Konzentration.

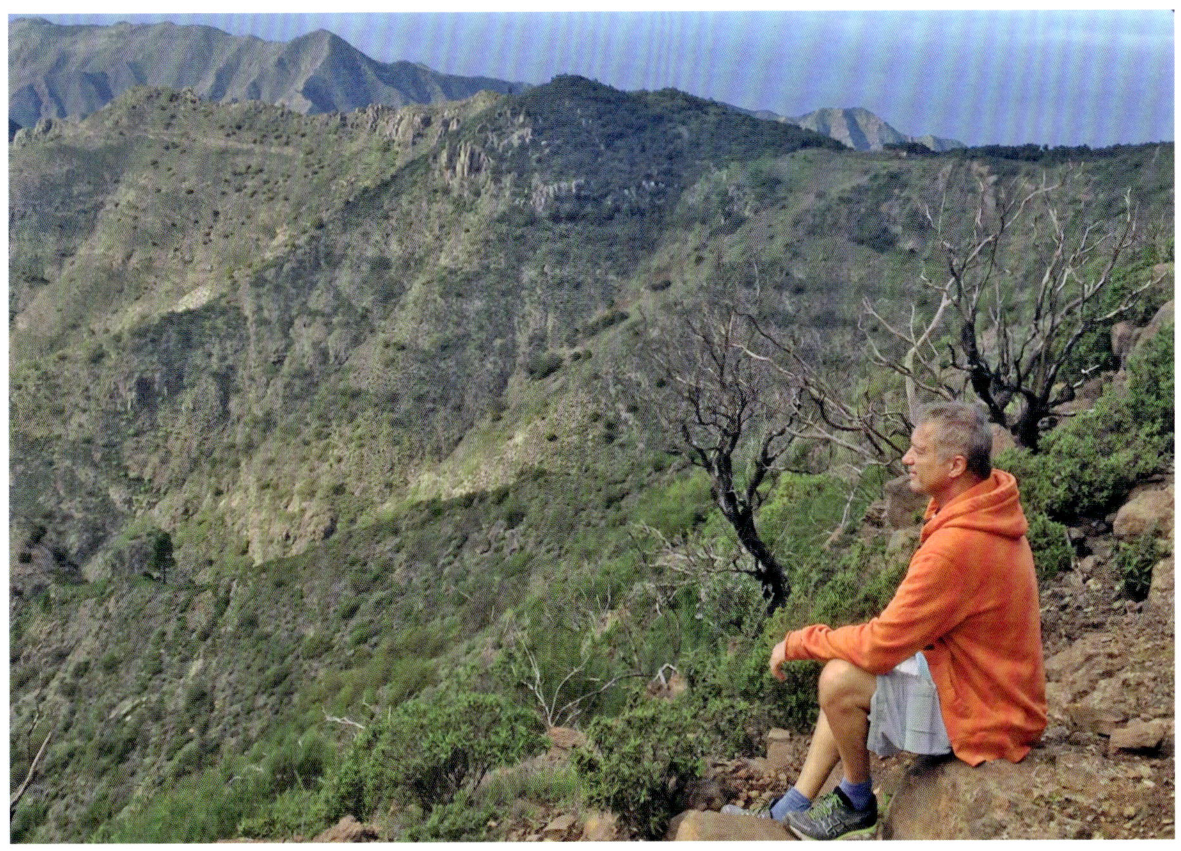

***Dr. Peter Hartig genießt** die Weite und die Freiheit auf Teneriffa*

Teneriffa bedeutet für mich in erste Linie Freiheit. Man kann dort schon sehr frei leben. Dann liebe ich die Energie und Vielseitigkeit der Insel. Hier hat man den Strand und das Meer und oben mit dem Pico del Teide einen der größten Vulkanberge der Erde.

Hier fließt alles. Ich mag die Insel sehr. Sie ist relativ nah, nur fünf Flugstunden von Deutschland entfernt, nur eine Stunde Zeitverschiebung, die ich übrigens sehr genieße. Menschen wie ich, die energetisch sehr hoch schwingen, kommen hier gut klar. Für andere könnte das ein Problem sein. Je bewusster man wird, je mehr man bei sich ist und dem Auftrag des Lebens folgt, desto einfacher hat man es auf der Insel. Man könnte sagen: Sie unterstützt einen!

Bewegtes Leben, gute Zeit. Alle Stationen, die ich bis 1992 durchlaufen habe, im Einzelnen: 1978 Wehrdienst / Studium in Bochum, 1984 Diplomarbeit KFA Jülich, 1985 Doktorarbeit KFA Jülich, 1987 Weiterführung der Doktorarbeit in Plön, 1990 EAWAG / ETH, 1992 Konstanz waren unglaublich wertvoll für mich. Am Bodensee habe ich gelernt, wie das Ökosystem funktioniert und wie alles mit allem zusammenhängt. Nordsee- und Wattenmeer-Forschung, also Meeresbiologie pur, waren ein Augenöffner für mich, was großflächige Produktion und das PAM-Verfahren angingen. Das Geschäftliche habe ich in Singen 'eingebläut' bekommen. Hawaii war dann das Sprungbrett in die Unabhängigkeit. Bewegte Reise, spannend bis heute.

◀ ***Die unberührte Natur in der Provinz Hainan***
Hier kultiviert und prüft Dr. Peter Hartig, mit seinem Team in China, die Qualität der Spirulina-Alge

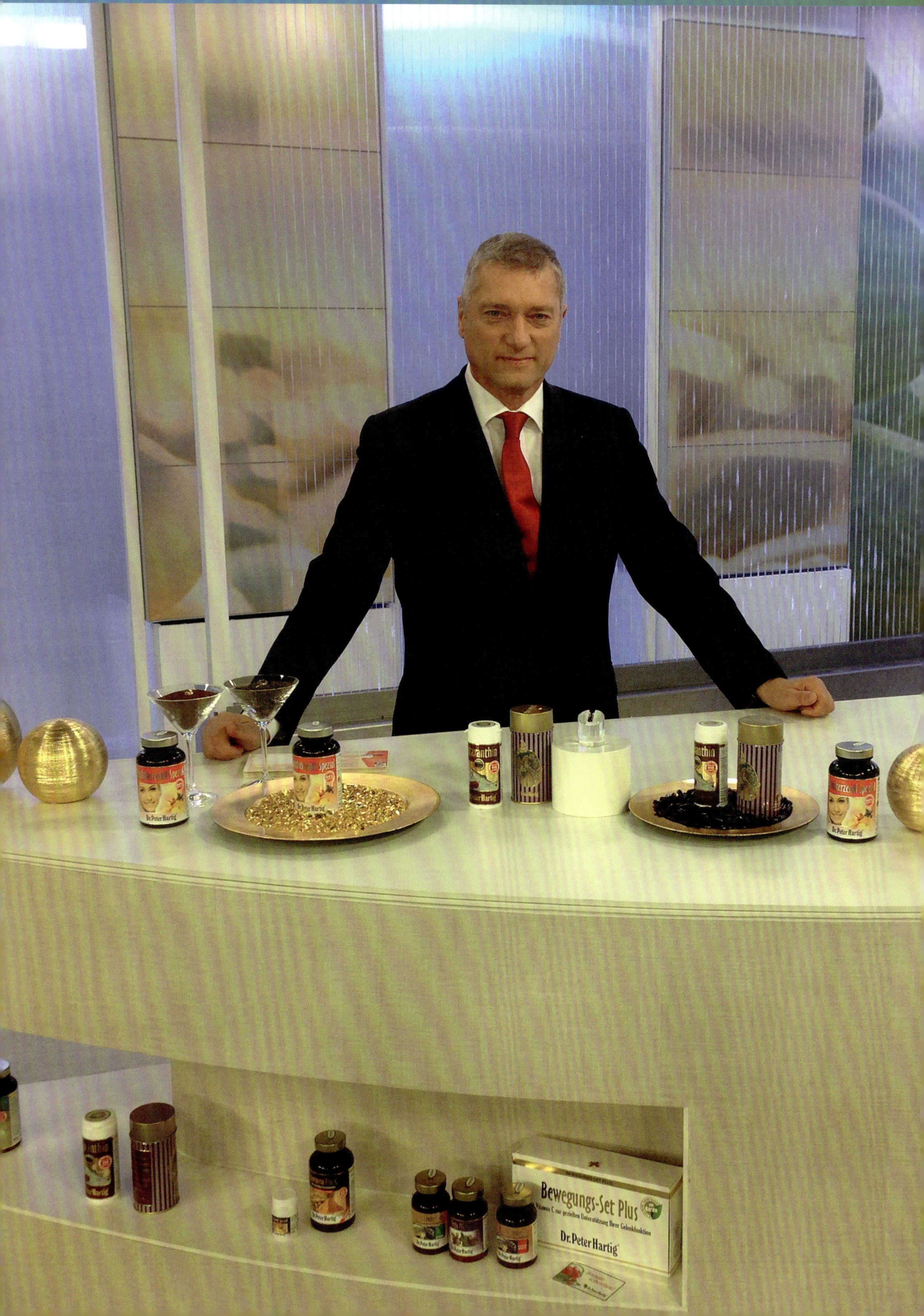
Bewegungs-Set Plus
Dr. Peter Hartig

HSE24

Das multimediale Homeshopping-Unternehmen HSE24 ist im Laufe der Zeit für mich ein Stück weit Heimat geworden. Dort herrscht sowohl menschlich als auch professionell ein tolles Klima. Diese Plattform ist – was Kontaktaufnahme, Kommunikation und Austausch mit meinen Kunden angeht – alternativlos. Hier kann ich mit den Menschen kommunizieren, hier hören sie mir zu und hier können sie direkt mit mir in Kontakt treten und ihre Fragen stellen.

"Hier kann ich mit den Menschen kommunizieren, hier hören sie mir zu und hier können sie direkt mit mir in Kontakt treten und ihre Fragen stellen."

Was im Umkehrschluss aber nicht heißt, dass mir meine Direktkunden, die im Kundencenter von BlueBioTech anrufen, oder online (www.dr.peterhartig.de) bestellen, weniger wichtig sind. Die unmittelbare Kommunikation mit Kunden ist für mich sehr aufschlussreich und ist für Produktpflege und Produktentwicklung unerlässlich. Zudem bin ich dadurch der 'Doktor zum Anfassen', keine entrückte und abgehobene Figur, sondern eine Person aus Fleisch und Blut, die sich ihr Lob, ihre Kritik und Anregungen anhört.

Und das alles immer im Sinne unserer Mission: Das Gute in die Welt zu bringen und den Menschen zu Gesundheit, Lebensfreude, Vitalität und Wohlbefinden zu verhelfen.

Dr. Peter Hartig *mit Christian Materne von HSE24*

◀ **Dr. Peter Hartig: "HSE24** *ist im Laufe der Zeit so etwas wie Heimat für mich geworden. Kundennähe, Kundenpflege, Kommunikation und Austausch – das alles macht HSE24 möglich."*

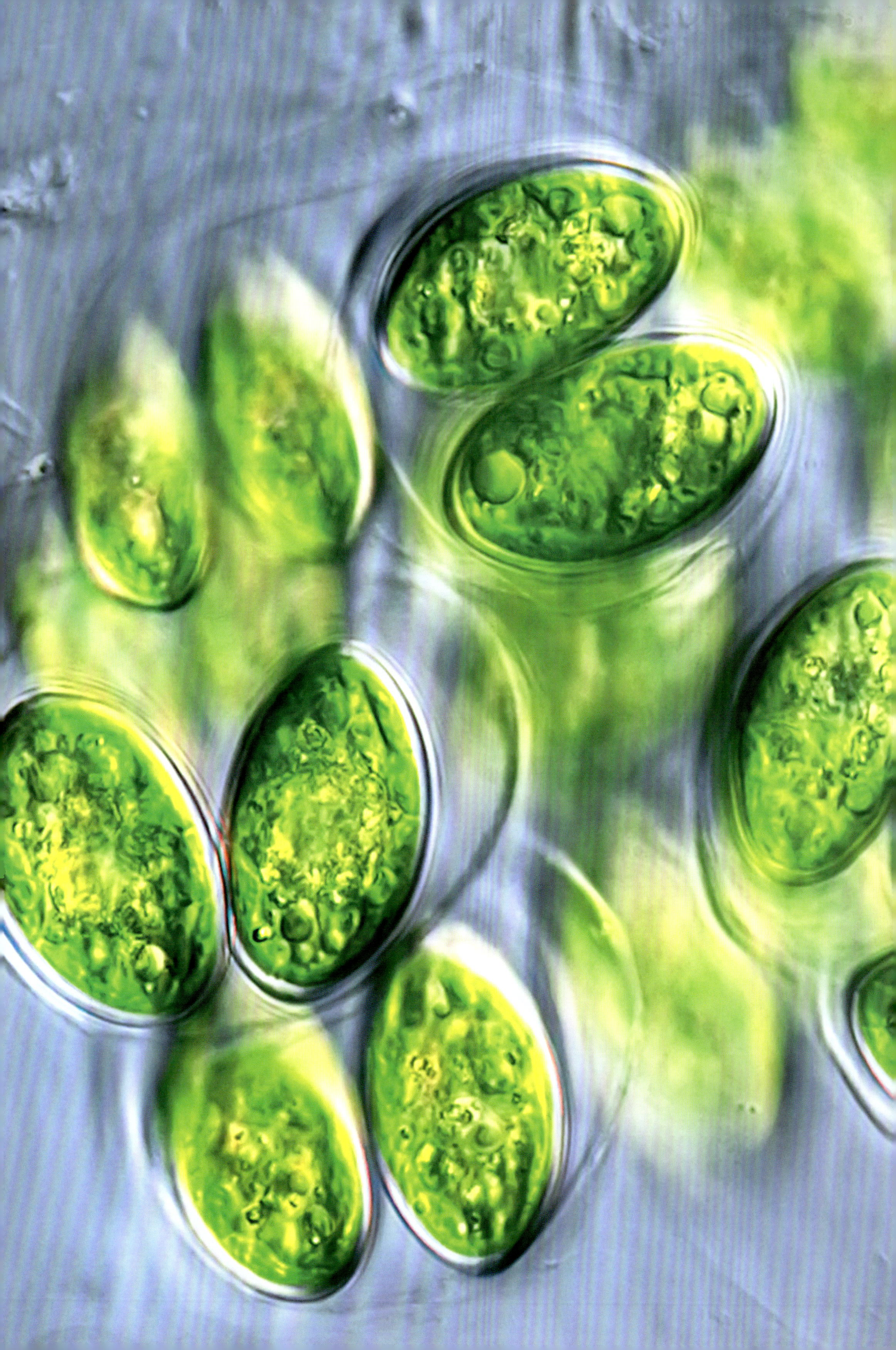

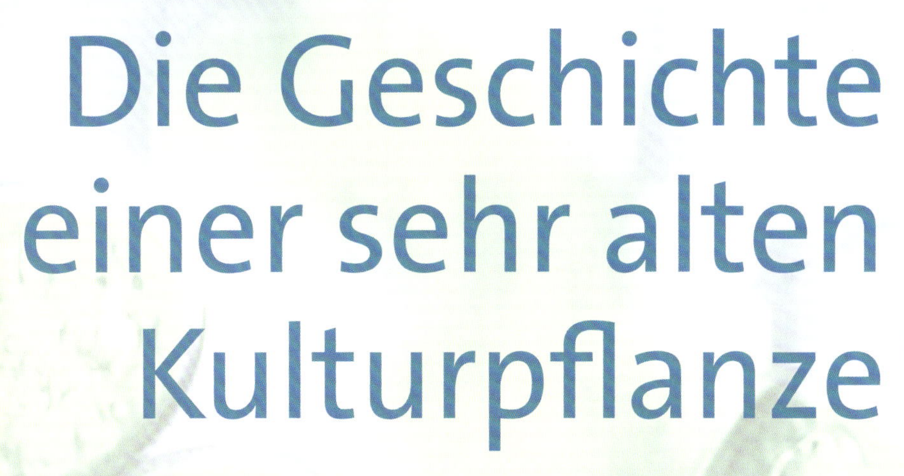

Die Geschichte einer sehr alten Kulturpflanze

Maya, Azteken, chinesische Kaiser und normale Küstenbewohner – sie alle schätz(t)en Algen als Heil- und Lebensmittel. Dass sie Lebensmittel im wörtlichen Sinne sind, zeigt ein Blick auf die Evolution. Algen stehen am Anfang der Nahrungskette und versorgen uns mit Sauerstoff. Was diese Wunderwerke der Natur alles können und was sie für die Menschheit bedeuten, fasst diese kleine Geschichte einer sehr alten Kulturpflanze zusammen

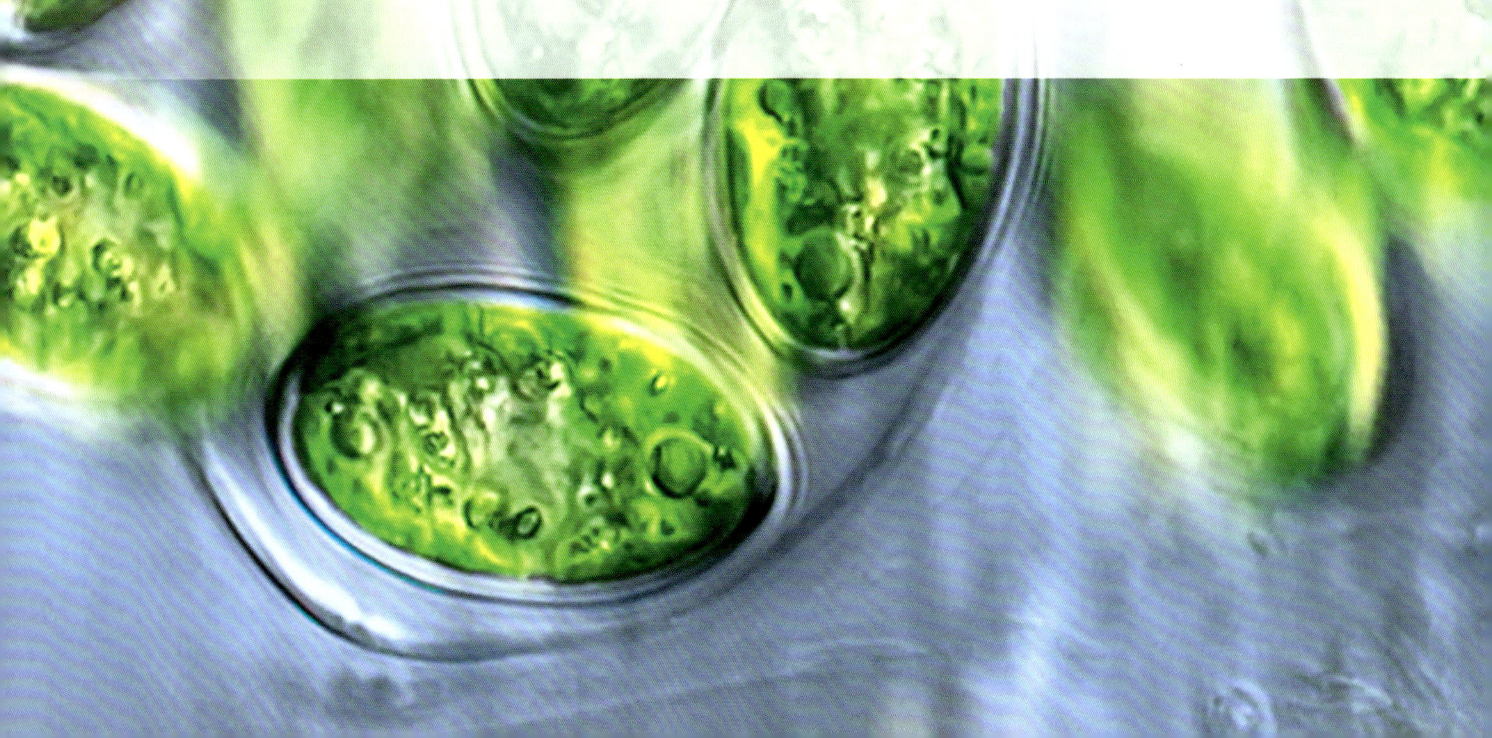

Die Geschichte einer sehr alten Kulturpflanze

Ein einzigartiges Stück Natur

Die Alge – lat. alga = "Seegras", "Tang" – ist zweifelsohne eine faszinierende Pflanze. Algen sind Wasserbewohner, gehören zur Gruppe der eukaryotischen Lebewesen und betreiben Photosynthese.

Bislang hat man schätzungsweise 30.000 bis 50.000 Algenarten entdeckt, die Unterarten nicht mit eingerechnet. Man unterscheidet zwischen zwei großen Gruppen – Algen, die keinen Zellkern haben (die DNA ist lose in der Zelle) und Algen, die einen Zellkern besitzen. Die Algen ohne Zellkern nennt man auch Prokaryoten oder – umgangssprachlich – Blaualgen. Ob Blaualgen (Cyanobakterien) wirklich zu der Gruppe der Algen zu rechnen sind, hat einen regelrechten Professorenstreit ausgelöst. Aufgrund äußerlicher Ähnlichkeit wurden sie den Algen zugerechnet. Streng genommen gehören sie aber als Bakterien zu den oben erwähnten Prokaryoten und sind demnach keine Algen. Sie betreiben aber dennoch Photosynthese. Danach richtet sich dann auch, ob die Bakteriologie oder die Botanik für sie zuständig sind. Die Algenkunde nennt man Algologie oder nach dem griechischen Wort 'phykos' auch Phykologie.

Mikroalgen & Makroalgen

Die weitere Klassifizierung erfolgt unter anderem auch über die Größe. Man unterscheidet zwischen mikroskopisch kleinen Mikroalgen und den Makroalgen (Großalgen), die mit bloßem Auge gut erkennbar und zwischen wenigen Millimetern und bis zu 100 Metern groß sind. Makroalgen sind weiter entwickelt als ihre einzelligen Artgenossen. Sie kommen meist in Küstenregionen vor und können sehr hoch wachsen. Mikroalgen, mit denen wir uns hier in der Hauptsache beschäftigen, findet man frei schwebend im Wasser. Sie sind bis zu einem gewissen Grade beweglich und schließen sich manchmal zu einem Zellhaufen von bis zu 164 Zellen zusammen.

Eines der wichtigsten Klassifizierungskriterien ist die Farbe. Je nachdem, welche Farbpigmente in der Pflanze überwiegen, nennt man sie Grün-, Braun- oder Blaualgen. Es gibt natürlich noch zig andere Unterarten, z.B. Rot-, Gelbgrüne und Goldalgen.

Das Entscheidende und – wie ich finde – Spannende ist, dass Algen eine extrem wichtige Rolle in unserem Ökosystem spielen. Manche Wissenschaftler schätzen, dass Algen in Verbindung mit ganz bestimmten Bakterien Leben auf unserem Planeten erst möglich gemacht haben. Denn – so die Argumentation – sie verwandelten Sonnenenergie in organische Materie, in Sauerstoff. Dieser Vorgang soll vor etwa ein bis drei Milliarden Jahren erstmalig stattgefunden haben.

"Manche Wissenschaftler schätzen, dass Algen in Verbindung mit ganz bestimmten Bakterien Leben auf unserem Planeten erst möglich gemacht haben."

Algen bilden den Anfang einer Nahrungskette. Sie verwandeln das nützliche und wertvolle Sonnenlicht in organische Materie und werden von anderen Organismen gefressen. Es gäbe keine Haie, keine Walfische und auch keine Delphine ohne Mikroalgen. Sie brauchen Plankton als Grundlage ihres Lebens.

Plankton sind frei schwebende Teilchen im Wasser. Da unterscheidet man zwischen Phyto- (Pflanze) und Zooplankton. Vereinfacht gesagt: Das Zooplankton ernährt sich von Phytoplankton. Oder: Ohne Phytoplankton kann das Zooplankton nicht überleben. Zooplankton frisst Phytoplankton.

Dr. Otto Heinrich Warburg gilt als Begründer der modernen Algenforschung. Der Biochemiker aus dem Breisgau zeigte mit der Chlorella-Alge, wie Photosynthese funktioniert

Algen-Forschung heute

Die moderne Algenforschung beginnt mit dem deutschen Biochemiker, Arzt und Physiologen Otto Heinrich Warburg (8. Oktober 1883 in Freiburg im Breisgau; 1. August 1970 in Berlin), der mit Hilfe von Chlorella-Algen aufgezeigt hat, wie die Photosynthese funktioniert, wie dabei Sauerstoff entsteht und wie der ganze Prozess abläuft. Für diese bahnbrechenden Erkenntnisse erhielt Warburg 1931 den Nobelpreis [„Die Entdeckung der Natur und der Funktion des Atmungsferments“] für Physiologie oder Medizin.

Spirulina *Mikroskop-Aufnahme aus dem BBT Forschungsinstitut in Büsum*

Spirulina platensis
das haben wir eingangs schon festgehalten, gehört zu den Blaualgen, den Cyanobakterien. Sie wird als die ursprünglichste Algensorte angesehen. Man schätzt, dass sie seit ca. einer Milliarde Jahren auf der Erde ist. Sie hat keine Zellwände, was für die Verdauung und Verwertung wichtig ist. Man kommt, ohne viele Verdauungsenzyme einsetzen zu müssen, ganz schnell an die Nährstoffe der Spirulina heran.

Das Leben kommt aus dem Wasser, die Alge auch!

Die wichtigsten Algenarten und ihre Wirkung
Die fünf für unsere gesundheitlichen Zwecke in der heutigen Zeit wesentlichen Algen sind Spirulina, Chlorella, Dunaliella salina, Haematococcus pluvialis und Lithothamnium calcarea.

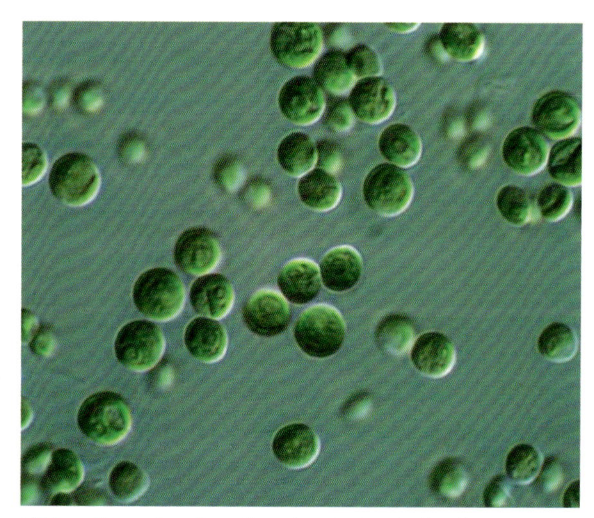

Chlorella vulgaris *mikroskopische Aufnahme*

Chlorella vulgaris
ist eine Grünalge, die starke Zellwände hat, mit ganz bestimmten Inhaltsstoffen, zum Beispiel dem Sporopollenin und mit einem enorm hohen Chlorophyll-Gehalt. Man schätzt, dass sie zu den Algenarten mit dem höchsten Chlorophyll-Gehalt überhaupt gehört und auch im Vergleich mit entsprechenden Landpflanzen ganz weit vorne liegt.

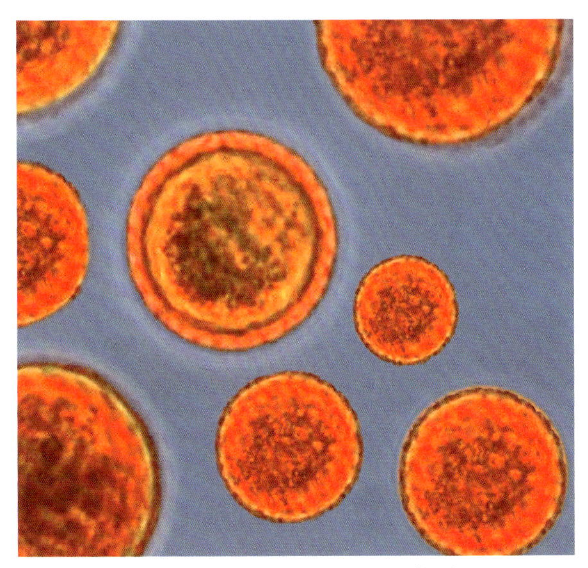

Dunaliella salina mikroskopische Aufnahme

Dunaliella salina

ist ebenfalls eine teilweise bewegliche Grünalge, die im Gegensatz zu den ersten beiden Algen, die vornehmlich im Süßwasser vorkommen, im Salzwasser lebt und kultiviert wird.

Da, wo das Salzwasser eine sehr hohe Konzentration hat, schützt sich die Dunaliella salina, indem sie neben dem Chlorophyll ein zweites Photosystem aufbaut. Es geht ja darum, die Sonne aufzufangen und je mehr Möglichkeiten die Pflanze dafür hat, desto besser für sie. Um möglichst das gesamte Sonnenlicht aufzufangen, haben sie Carotinoide entwickelt. Die Dunaliella-Alge zeichnet sich dadurch aus, dass sie den höchsten Carotinoid-Gehalt überhaupt hat. Bis zu zehn Prozent des Körpergewichtes einer Dunaliella-Alge besteht aus Carotinoiden. Im Spinat ist das Verhältnis 0,1 Prozent 'Carotinoide zum Körpergewicht'. Die Dunaliella hat also das Hundertfache.

Haematococcus pluvialis

ist eine Grünalge, die sehr widerstandsfähig ist. Selbst unter widrigsten Bedingungen kann sie überleben. Wir selbst haben im Labor Versuche gemacht und die Blutregen-Alge eingefroren und sie dann nach einem halben oder einem Jahr wieder zum Leben erweckt. Viele Wissenschaftler vermuten sogar, dass die Blutregen-Alge Hunderte von Jahren überleben kann. Unter optimalen Wachstumsbedingungen ist die Alge grün und beweglich. Verschlechtern sich die Wachstumsbedingungen bildet sie ein Carotinoid, Astaxanthin, das wir auch als Super-Carotinoid bezeichnen, da es den stärksten Schutz bietet. An anderer Stelle werden wir erklären, was die Carotinoide 'können', und warum sie als freie Radikalfänger fungieren können. Um es mit einem populären Beispiel zu erläutern: Astaxanthin, sagt man, ist 50 bis 500 mal stärker als Vitamin C. Viele Forscher sagen, dass Astaxanthin das stärkste Antioxidans ist, das wir zurzeit kennen und auf unserem blauen Planeten haben.

Oxidantien entstehen eigentlich bei jedem Stoffwechselvorgang, wenn etwas umgewandelt wird. Essen versetzt den Körper in einen oxidativen Stresszustand. Unter besonderen Stressbedingungen wie z. B. beim Sport oder bei hoher körperlicher Anstrengung entstehen noch mehr Oxidantien, freie Radikale. Um nach dem Verwandlungsprozess wieder vollständig zu sein, suchen sie sich bei gesundem Gewebe oder Zellen die fehlenden Elektronen und verletzen dabei das gesunde Gewebe. Antioxidantien sind natürliche Gegenspieler von freien Radikalen. Treffen sie auf die noch unvollständigen Freie Radikale geben sie Elektronen ab und verhindern eine weitere Verletzung von Organismus, Gewebe und Zellen. Astaxanthin hat also so viel Überschuss an Elektronen,

Blutregen Alge *Mikroskop-Aufnahme aus dem BBT Forschungsinstitut in Büsum*

dass es die gefährlichen freien Radikale neutralisiert, indem es ihnen das fehlende Elektron abgibt und sie damit wieder in den Kreis der guten Zellen zurückholt. Das ist ganz wichtig, da Zellveränderungen nicht gut für den Menschen und den Organismus sind.

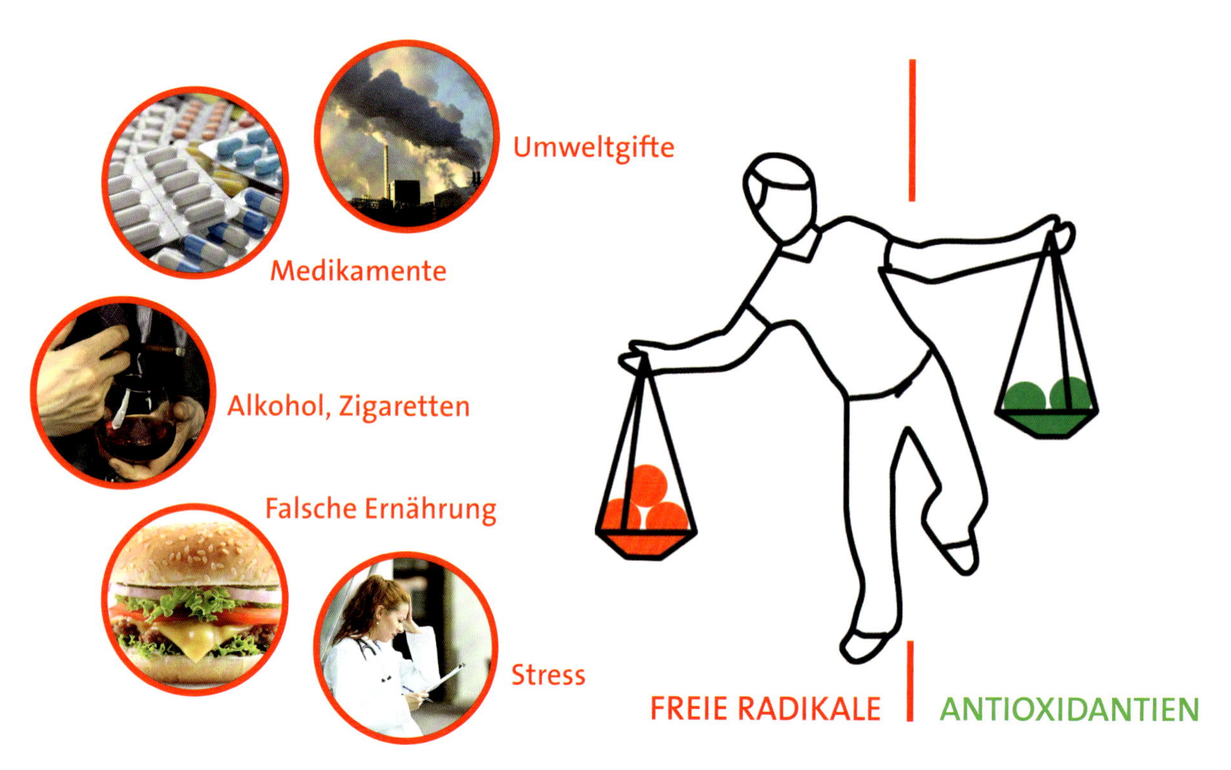

Freie Radikale sind mitveratwortlich für das menschliche Ungleichgewicht

Aufgaben der freien Radikale

Freie Radikale werden als 'böse' eingestuft, aber sie haben auch eine wichtige Funktion. Sie können krankes Gewebe, Bakterien und Viren beseitigen. Sie attackieren alles, was in den Organismus eindringt und da eigentlich nicht hingehört. Freie Radikale gehören zur allgemeinen Abwehrstrategie des Körpers, aber wenn es zu viele davon gibt, ist das schlecht. Man muss also eine gesunde Balance zwischen Freien Radikalen und Antioxidantien schaffen. Heißt übersetzt: Nimm nicht zu viel, aber ordentlich Astaxanthin.

Zu viele Freie Radikale sind eine Dauerbelastung für den Organismus. Sie entstehen in erhöhtem Maße beim Konsum von Alkohol und beim Rauchen, aber auch bei jedem Stoffwechselvorgang, bei Stress und eben auch beim Sport. In dieser Hinsicht ist das berühmte "No sports" ("Sport ist Mord!") von Winston Churchill gar nicht so falsch. Wenn man Sport betreibt, das betont ja auch ein Sportmediziner wie Dr. Müller-Wohlfarth, muss man – neben allen anderen Techniken – Antioxidantien zu sich nehmen. Auch in meiner Familie gab es einen Onkel, der immer fit war, immer Sport getrieben hat und dann mit Anfang Siebzig völlig überraschend an einem Schlaganfall gestorben ist. So überraschend ist das aber gar nicht. Sport kann Stress für den Körper sein – und setzt zu viel freie Radikale frei.

In diesem Zusammenhang ist Astaxanthin von besonderer Bedeutung, denn dieses Antioxidans kann die Gehirnschranke überwinden und wirkt sowohl in einem wässrigen als auch in einem fetten Milieu. Die meisten Antioxidantien sind nur wasserlöslich und damit kommt man also ans Fettgewebe nicht heran. Das Gehirn aber besteht zu großen Teilen aus Fett und wenn man das nicht schützen kann, hat man ein echtes Problem. Und deswegen bin ich auch sehr froh, dass wir gerade diese Alge und damit Astaxanthin in unserer Algenfarm auf Teneriffa kultivieren können.

Die Kalkalge (Lithothamnium calcarea)
ist eine mehrzellige Makroalge. Die Unterscheidung zwischen Makro- und Mikroalgen ist nicht immer einfach. Auch eine Mikroalge kann, wie bereits beschrieben, aus mehreren Zellen bestehen. Bei der Mikroalge gilt im Normalfall: Jede Zelle tut das gleiche. Sobald eine Alge aus sehr vielen Zellen besteht, gibt es eine Aufgabenteilung, die die Klassifizierung schwierig macht. Manche Gelehrte rechnen sie dann zu den Mikro-, andere zu den

Kalkalge Aquariumaufnahme

Makroalgen. Klar ist, diese Kalkalge ist eine Makroalge, die irgendwann einmal abstirbt. Zurück bleibt ein Kalkgerüst, das eigentlich ein toter Organismus ist, aber dessen Rückstand aus organischem Kalk besteht. Was wir uns dann zu Nutze machen, ist die Tatsache, dass das Kalkgerüst den höchsten Calciumgehalt hat, den man von Organismen kennt. Das Calcium hat eine enorme Bioverfügbarkeit, kann also von unserem Körper gut aufgenommen werden. Genau diesen Umstand nutzen wir dann für unsere Rezepturen.

Algen, ihre Wirkung und ihre Wirkstoffe
Die Spirulina ist gut für eine Basisversorgung. Jedermann sollte sie regelmäßig nehmen, da diese Alge ein riesiges Nährstoffprofil besitzt. Es geht ja oft darum, in der Nahrung Lücken auszugleichen. Spurenelemente, sekundäre Pflanzenstoffe... irgendetwas fehlt immer. Ich sage das aus eigener Erfahrung: Mit Spirulina fühlt man sich wesentlich wohler als ohne. Welche Lücke da gefüllt wird, weiß man oft gar nicht, aber es funktioniert. Für mich ist Spirulina die hochwertigste Nahrung, gesetzlich wird sie bis heute als Nahrungsergänzung eingestuft.

Was können Algen?

Wie werden Algen gezüchtet und geerntet?
Spirulina wächst auch im Meerwasser, aber viel besser gedeiht sie in Süßquellwasser mit einem sehr hohen PH-Wert von 11 bis 13. In einem solch alkalischen Milieu (das erinnert an Seifenwasser) können nur sehr wenige Algen überleben. Für die Spirulina ist das ideal: Sie hat gelernt, genau in diesem Milieu am besten zu wachsen.

Für die Photosynthese brauchen die Algen CO2 – und das ist anders löslich in saurem, neutralem oder in basischem Milieu. Dann brauchen die Algen natürlich Sonne und gewisse Nährstoffe, damit es ihnen gut geht. Das reine Quellwasser in unseren eigenen Algenzuchten enthält schon sehr viele wertvolle Nährstoffe, aber wir setzen noch spezielle hinzu. Welche das im Einzelnen sind, bleibt unser Betriebsgeheimnis.
Die Spirulina-Alge ist die eiweißreichste Pflanze der Welt. Sie enthält bis zu 65 Prozent Eiweiß und um Eiweiß zu gewinnen, braucht man Stickstoff und Phosphate.

***Die Algen** brauchen viel Sonne und frisches Quellwasser*

Das Nährstoffprofil der Spirulina enthält neben den Proteinen noch viele andere, darunter 50 Mikro- und Makrostoffe und zahlreiche sekundäre Pflanzenstoffe, wie zum Beispiel das wertvolle Chlorophyll. Zählt man diese Stoffe zusammen, darunter etwa 2.000 Enzyme, kommt man auf ungefähr 4.000 Inhaltsstoffe.
Diese Pflanze gibt es seit etwa einer Milliarde Jahren und sie hat sich seit dieser Zeit nicht maßgeblich verändert. Heißt: Sie war von Anfang an perfekt ausgestattet und auf Überleben programmiert. Sie konnte somit alle Zeitperioden der Erde unbeschadet überdauern – für mich ein klares Zeichen für ihre Werthaltigkeit.

Davon können wir natürlich profitieren, denn unser Körper kann sich aus dem Angebot an Natursubstanzen diejenigen heraussuchen, die uns gerade fehlen. Diese wahnsinnig hohe Menge an Inhaltsstoffen macht die Spirulina so wertvoll für uns. Zudem hat sie eine Zellwand, die leicht aufschließbar ist und an die der menschliche Organismus gut herankommt.

Für die Kultivierung der Chlorella braucht es ganz andere Wachstumsbedingungen. Diese Süßwasseralge wächst optimal bei einem PH-Wert von 7, der Nachteil ist: Da wächst alles. Ihr Vorteil: Sie teilt sich – im Gegensatz zu anderen Mikroalgen – sehr schnell und garantiert so ihr Überleben. In einem Becken mit hoher Chlorella-Dichte wird sie am Ende alles überwachsen – und diesen Umstand machen wir uns zu Nutze. Chlorella-Experten sprechen in diesem Zusammenhang vom CGF-Faktor. Dieser Chlorella Growth Factor (denn man durch Zentrifugieren ermitteln kann) zeigt an, welche Dichte die Chlorella im Wasser haben muss und welche Nährstoffe sie braucht, um sich schneller zu vermehren als andere.
Die Dunaliella salina braucht viel Salz. Man hat sie in großen Lagunen vor Australien entdeckt, weil sich das Wasser von Zeit zu Zeit orange einfärbte. Als man dem auf den Grund ging, hat man die Dunaliella salina entdeckt. Ist die Salzkonzentration hoch, schützt sich die Alge durch Ausbildung von Carotinoiden, die, wie schon erwähnt, für Menschen extrem wichtig sind. Carotinoide sind immer die Vorstufe für Vitamin A und dieses Vitamin übernimmt im menschlichen Organismus sehr wichtige Aufgaben. Die Dunaliella salina hat einen Carotinoid-Komplex, der sich – isst man viel davon – in den Hautpigmentzellen ablagert und die Haut orangebraun färbt. Unter anderem ist das Vitamin A wichtig für Zell- und DNA-Generation.

Die Blutregen-Alge (Haematococcus pluvialis) ist die Diva unter den Algen. Sie braucht verschiedene Wachstumsbedingungen und das macht es so schwer, sie zu kultivieren. In der Grün-Phase braucht sie ein 'Schloss' – da müssen die Wassertemperatur und die Nährstoffzusammensetzung stimmen. Sobald es mehr als 25 Grad hat, beginnt sie sich zu schützen. Das Problem der Kultivierung ist ja, dass wir große Mengen brauchen. Man muss die Pflanzen also hätscheln, damit man die wirtschaftlich ertragreichen Mengen erreicht. Es ist wie bei einem Hefeteig. Viele Frauen sagen: Hefeteig gelingt mir nicht. Aber das ist kein Hexenwerk. Man muss halt nur wissen, dass man eine Prise Salz hinzugeben, dass die Milch warm sein muss und gewisse Temperaturen notwendig sind. Dann gelingt auch der Hefeteig.

*"Zu viel Licht
ergibt einen Sonnenbrand,
zu wenig lässt die Alge
nicht wachsen."*

So ähnlich verhält es sich bei der Blutregen-Alge – man braucht bestimmte Temperaturen, bestimmte Mineralien und bestimmte Lichtbedingungen. Zu viel Licht ergibt einen Sonnenbrand, zu wenig lässt die Alge nicht wachsen. Dass die Wachstumsbedingungen unter freiem Himmel nicht durchgängig gleich sind, erschwert die Zucht. Vor allem die Tatsache ist entscheidend, dass sie in der

Grün-Phase niedrige Temperaturen braucht. Nach dem Reifeprozess müssen wir diese Algen in einen Zustand versetzen, dass sie das wertvolle Astaxanthin produzieren. Dazu benötigen sie sehr viel Sonnenlicht, hohe Temperaturen und bestimmte Nährstoffbedingungen, die konträr sind zu der Grünphase.

Diesen komplizierten Vorgang an einem Ort durchzuführen, verlangt uns wirklich alles ab. Den Prozess zwei zu teilen, also Grün- und Vermehrungsphase von der Reifephase abzukoppeln, klingt im ersten Moment einfach, ist aber hochkomplex. Hierzu waren viele lange Jahre Forschungsarbeit notwendig.

Für die Algenzucht finden wir auf unserer Algenfarm auf Teneriffa ideale Bedingungen vor – es hat tagsüber genügend Sonnenlicht und dann die reichhaltigen Mineralien des Vulkans Teide. An seinem Hang gibt es sehr viele Pinienwälder. Und die nehmen Wasser aus der Luft auf, nutzen ein Drittel für ihre Zwecke, geben ein Drittel an die Atmosphäre und ein Drittel ins Grundwasser ab. Und dieses saubere Wasser nutzen wir auf unserer Farm. Der Nachteil – wo viel Sonne ist, sind die Temperaturen hoch und das ist in der Grünphase tödlich. Da muss gekühlt werden und das ist extrem teuer. Auf Teneriffa haben wir nicht nur politisch stabile Verhältnisse, sondern auch klimatisch ideale Bedingungen für die Algenzucht vorgefunden. Und zudem hat der Teide eine großartige Schwingung. Im Gegensatz zum Festland ist Teneriffa dennoch in vielerlei Hinsicht Entwicklungsland, was die Beschaffung von Geräten oder die Bürokratie angehen. Das macht die Produktion nicht gerade einfacher.

Im Vorfeld habe ich mich natürlich informiert und umgesehen. Man kann natürlich überall in der Nähe des Äquators gut Algen züchten, aber die Länder in dieser Region sind oft politisch instabil. Man kann nach Chile gehen, nach Hawaii – war mir zu weit weg. Ich wollte

Blick auf ein Mikroalgen-Kinderzimmer

in Europa produzieren, und so kamen wir schlussendlich auf Teneriffa. Ich kannte die Insel schon als Besucher, war schon immer von der Energiedichte und der Spiritualität fasziniert, und als es dann darum ging, eine wirtschaftlich sinnvolle, will sagen: ertragreiche Algenzucht aufzuziehen, war Teneriffa für uns die allererste Wahl.
Da ging es mir wie Alexander von Humboldt. Der war von Teneriffa im Allgemeinen und der Fauna und Flora des Orotava-Tals* im Besonderen sehr begeistert.

**Im Jahre 1799 verbrachte der deutsche Naturforscher Alexander von Humboldt vor seiner mehrjährigen Südamerika-Reise eine Woche zu Forschungszwecken auf Teneriffa. Sein Weg führte von Santa Cruz de Tenerife nach La Laguna, dann entlang der Nordküste über La Orotava hinauf bis zum Gipfel des Teide. Am heutigen Humboldt-Blick (Mirador de Humboldt) gibt es eine Gedenktafel mit folgenden schwelgerischen Worten des Forschers in spanischer Übersetzung: "Ich habe im heißen Erdgürtel Landschaften gesehen, wo die Natur großartiger ist, reicher in der Entwicklung organischer Formen. Aber nachdem ich die Ufer des Orinoko, die Cordilleren von Peru und die schönen Täler Mexikos durchwandert, muß ich gestehen, nirgends ein so mannigfaches so anziehendes, durch die Verteilung von Grün und Felsmassen so harmonisches Gemälde vor mir gehabt zu haben... Ich kann diesen Anblick nur mit den Golfen von Genua und Neapel vergleichen, aber das Orotava-Tal übertrifft sie bei weitem durch seine Ausmaße und die Reichhaltigkeit seiner Vegetation."*

Die Algenfarm auf Teneriffa Dr. Peter Hartig im Gespräch mit Tim Decher

Für mich als Kaufmann hat der Standort den Vorteil, dass er zu Europa gehört. Die Tatsache, dass es sich um eine Insel handelt, macht es schwierig. Bestimmte Materialien müssen eingeführt werden, weil es sie nicht gibt. Auch an Facharbeitern herrscht Mangel. Da muss man dann Kompromisse machen.

Als wir mit der Firma noch in Elmshorn angesiedelt waren, arbeiteten wir schon eine Zeit lang sehr intensiv mit dem Heilpraktiker Tim Decher zusammen. Eines Abends, es war so 19 oder 20 Uhr, verließen wir zusammen die Firma und ich erzählte ihm von meinem Traum, auf Teneriffa Algen zu kultivieren. Aber, so sagte ich ihm, es gibt niemanden, der dorthin gehen will. Ich selbst war wegen meiner Aufgaben bei HSE24 und meiner Firma nicht abkömmlich... Tim hatte wegen seiner Lebensgefährtin, die von dort kam, einen sehr starken Bezug zu Teneriffa und sagte: 'Ich kann mir das schon vorstellen!' Er kannte die Insel, hatte dort ein Netzwerk und war bereit. 'Wie soll das gehen?', fragte ich ihn, 'Du hast von Algen-Zucht noch wenig Ahnung!' Dass ein Heilpraktiker biologische Kenntnisse haben und biologische Zusammenhänge verstehen muss, war mir klar. Tim gab zu, dass er das Thema Algenzucht erlernen muss. Aber nichts ist unmöglich. Ich sprach also in meinem Forschungszentrum Büsum vor, wo wir immer mal für zwei drei Monate versucht hatten, diese Haematococcus pluvialis-Alge in großem Maßstab zu kultivieren, aber aufgrund des Wetters immer wieder in eine Sackgasse geraten waren. Die Verantwortlichen sagten: 'Okay, schick den Mann mal vorbei...vielleicht geht da ja was!' Die beiden Verantwortlichen Dr. Lippemeier und Dr. Hintze, zwei sehr kritische Menschen, was die Auswahl von Personal angeht, bestätigten mir, dass Tim ein geeigneter und lernwilliger Kandidat sei. Und so flog Tim im August 2012 nach Teneriffa, um einen Standort für unsere Algenzucht zu finden. Zuerst schlug er einen Ort vor, wo es wirklich nur Geröll gab, keinerlei Umfeld, keinerlei Infrastruktur. Durch einen Bauunternehmer wurde er dann an eine Norwegerin vermittelt, die auf Teneriffa auf einem großen Farmgelände Blumen züchtet. Laut Tims Bericht hatten wir einen Ort mit Infrastruktur, viel Wasser, eine Norwegerin, die auch etwas Deutsch sprach, aber das Entscheidende war: Dieser Ort hat die meisten Sonnenstunden auf der ganzen Insel. Im Norden hat es durch die Winde und den Teide sehr viel Niederschlag, nicht so hier im Süden. So fanden wir den Platz, wo heute unsere Algenproduktion steht. Ich selbst bin, so oft es geht, nach Teneriffa geflogen, denn die Standortentwicklung ist keine einfache Sache. Was in einem kleinen Labor gilt, gilt noch lange nicht, wenn man riesige Anbauflächen zur Verfügung hat. Wenn man ein Leben lang in einer Einzimmerwohnung gelebt hat und plötzlich in ein Schloss zieht, verändert das alles. Vielen macht die neue Größe auch Angst. Die Hochskalierung ist ein wichtiger und schwieriger Prozess. Anfangs schienen wir auf Erfolg programmiert.

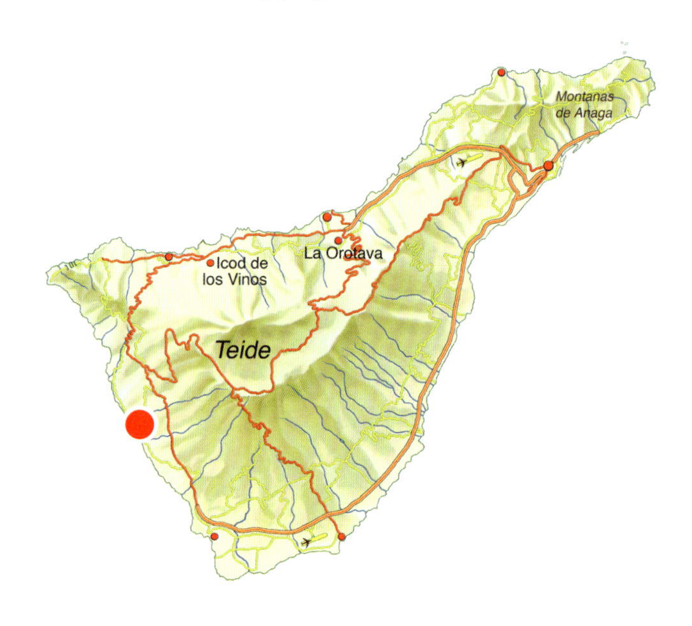

BlueBioTechTenerife S.L. Der Standort der Algen-Farm ist rot gekennzeichnet.

Die Blutregen-Alge (Haematococcus pluvialis) vermehrte sich explosionsartig und wir produzierten unglaubliche Mengen. Doch über Nacht (im wörtlichen Sinne) war plötzlich alles weg. Fressfeinde, die wie aus dem Nichts erschienen, hatten die Algen vernichtet. Einfach so gefressen! Es war kein Prozess, den man steuern konnte, sondern ein GAU, der nicht vorhersehbar war. Zuerst die explosionsartige Vermehrung der Algen und dann nichts mehr – alles weg.

"Zuerst die explosionsartige Vermehrung der Algen und dann nichts mehr – alles weg."

Solche Ereignisse haben uns natürlich zurückgeworfen. Wir mussten mit der Kultivierung bei Null wieder anfangen, neue Methoden und Mechanismen entwerfen, die den Algen zugute kamen und die den Fressfeinden nicht angenehm waren. Dieser Prozess hat fast zwei Jahre gedauert. Ich war oft kurz davor aufzugeben, aber wir haben durchgehalten und das Team erweitert. Eine spanische Biologin, die lange in Mexiko und England gearbeitet hatte, war bei der Weiterentwicklung sehr hilfreich, und zwei ebenso leidenschaftliche wie kompetente Mitarbeiter taten ein Übriges, um die Algenzucht auf Erfolgskurs zu bringen. Leute, die Schaufelräder bauen, die Kühlsysteme entwickeln – das gibt es auf der Insel eigentlich nicht, und ich bin heilfroh, dass wir solche Mitarbeiter gefunden haben. Leider macht man in puncto Personal oft sehr schlechte Erfahrungen und gerät an Leute, die einen Nerven und Geld kosten. Aber solche Klagen kennt man von jedem Unternehmer.

Dieser Prozess dauerte lange und dauert an. Alle, die daran beteiligt waren und sind, geben ihr Bestes. Und wenn die Kerze auszugehen droht, hält irgendeiner die Flamme am Leben. Wenn ich verzagt war, kam mein Traum zutage. 'Es muss möglich sein, in Europa Algen zu kultivieren!' Das war mein Traum, und den wollte und werde ich verwirklichen.

Inzwischen kann man sagen, entwickelt sich alles in die richtige Richtung. Es ist von den Mengen her noch nicht so wirtschaftlich, wie ich mir das wünsche, aber wir kommen dem Ziel näher. Eine Produktion von fünf Tonnen ist wirtschaftlich sinnvoll. Zurzeit schaffen wir

Voller Stolz *Dr. Peter Hartig mit seinem Astaxanthin*

zwei-drei Tonnen. Die größte Herausforderung liegt darin, preiswert zu produzieren. Es macht keinen Sinn, eigene Algen zu kultivieren, wenn man sie woanders billiger einkaufen kann. Ich will alles, was wir produzieren, selbst verarbeiten.

Das Bewusstsein für die Wichtigkeit von Astaxanthin ist hierzulande noch eher gering. In Amerika ist das durch eine hawaiianische Firma schon etwas anders. Spitzensportler, die Extremleistungen wie beim 'Ironman' erbringen, schwören auf Haematococcus, aber in der Breite ist das Thema noch nicht überall angekommen. Da gibt es noch viel zu tun. Wir sind die einzigen, die die Haematococcus pluvialis in Europa unter freiem Sonnenlicht produzieren.

Die Lithothamnium Calcarea braucht nur sauberes Meerwasser. Wir haben die Erlaubnis, diese Algen vor Irland abbauen zu können und zu nutzen. Da werden dann ständig Labortests gemacht, um die Qualität zu sichern und die Bioverfügbarkeit zu optimieren. Die Frage ist nämlich: Wie nehmen wir das Calcium im Körper am besten auf? Und das geht mit der Lithothamnium Calcarea-Alge hervorragend. Hier ist der Name Programm.

***Ausblick** auf den Turkanasee in Kenia*

Ein Blick auf die Geschichte der Algen

Wie schon des Öfteren erzählt, gehören Algen zu den ältesten Pflanzen der Erde. Ihre Geschichte soll vor 3,6 Milliarden Jahren begonnen haben. Wann genau der Mensch, Algen als Nahrungsmittel entdeckt hat, ist nicht ganz eindeutig zu bestimmen. Manche Wissenschaftler gehen davon aus, dass bereits im alten China Algen als besondere Delikatesse galten und bei Hof den Gästen gereicht wurden.

Es gibt Spekulationen darüber, dass ein Pilz-Algen-Gemisch das biblische "Manna" gewesen sein könnte, aus dem die in der Wüste hungernden Israeliten das rettende Brot backen konnten.

Weltweit gibt es insgesamt acht Seen, in denen Spirulina natürlich vorkommt, u.a. der Turkanasee in Kenia, der Aranguadisee in Äthiopien, der Tschadsee im Tschad sowie der Texcocosee in Mexiko. Verbrieft ist die Tatsache, dass man am Texcocosee einen grünen Schaum von der Wasseroberfläche aberntete und als "Tecuitlate" auf dem Speiseplan fand. Maya und Azteken nahmen Spirulina-Algen zur Stärkung zu sich und wussten um die regenerative Wirkung der blaugrünen Pflanze. Archäologen gehen sogar davon aus, dass die von ihnen entdeckten weit verzweigten Kanalsysteme der Algenzucht und nicht, wie früher angenommen, der Feldbewässerung dienten.

"Maya und Azteken nahmen Spirulina-Algen zur Stärkung zu sich und wussten um die regenerative Wirkung der blaugrünen Pflanze."

Die Entdeckung der Mikroalge als proteinreiche Nahrung datiert zurück bis in die Jahre des Ersten Weltkrieges. Der deutsche Kaiser Wilhelm II. wies angesichts einer drohenden Hungersnot seine Wissenschaftler an, nach neuen Nahrungsquellen Ausschau zu halten. Die Chlorella stand damals im Fokus des Interesses, weil ihre Aufzucht mit Wasser, Sonne und wenigen Zusatzstoffen einfach erschien. Noch kostengünstiger allerdings war die Massenkultivierung der Spirulina platensis, die heute als 'Allheilmittel' gegen den Hunger auf der Welt angesehen wird.

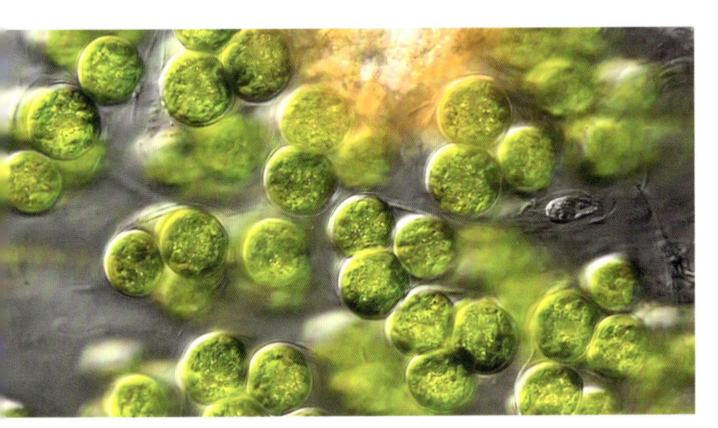

Mikroalgen *grüne Winzlinge mit ungeahnter Superpower*

Zurück zur Chronologie. 1919, ein Jahr nach Ende des Ersten Weltkrieges, stellte der deutsche Botaniker und Biochemiker Otto Warburg, der als Begründer der modernen Algenforschung gilt, die Chlorella-Aufzucht ins Zentrum seiner Forschungen.
Der angesehene französische Botaniker Pierre Augustin Dangeard berichtete 1940, dass der in der Nähe des Tschadsees lebende afrikanische Kanembustamm einen blaugrünen Algenschaum von der Oberfläche des Sees abschöpfte, diesen trocknete und daraus einen Kuchen namens "Dihe" backte. Seine Entdeckung wurde weitgehend ignoriert. Sein belgischer Kollege, der Botaniker Jean Leonard, bestätigte 1964 Dangeards Beobachtung, schrieb einen viel beachteten Bericht darüber und regte damit weitere Forschungen an.
Es war dann der japanische Forscher Mannen Shibata, der als erster Erfolge bei der Züchtung der Chlorella vermelden konnte.

2011 wurde bei einem "Bundesalgenstammtisch" über den Rohstoff der Zukunft diskutiert. Es hieß dort: "Mikroalgen sind aufgrund ihrer wertvollen Inhaltsstoffe ein Hoffnungsträger unter den nachwachsenden Rohstoffen. Sie enthalten große Mengen an wertvollen Proteinen, mehrfach ungesättigten Fettsäuren, Ölen, natürlichen Carotinoiden und Vitaminen. Dies macht sie zu interessanten Rohstoffen für die Nahrungsmittelindustrie, für Kosmetik, Pharmazie, Chemie und die Bioenergiebranche. Die Wirtschaft signalisiert bereits großes Interesse. Es gibt jedoch noch viele grundsätzliche Fragen zu klären. Die Algenforschung steht derzeit noch am Anfang. Ein Bruchteil der insgesamt etwa 40.000 bis 60.000 Mikroalgen- und 2.000 Cyanobakterienarten wurde bisher wissenschaftlich untersucht. Die chemische Zusammensetzung weniger hundert Arten ist bekannt. Gerade einmal 15 Stämme werden derzeit kommerziell genutzt (...). Die Genome einer Handvoll Algen sind vollständig sequenziert und geben Einblicke in die molekularen Zusammenhänge. Für die Wissenschaft gibt es somit noch viel zu entdecken." (Quelle: http://www.pflanzenforschung.de/de/journal/journalbeitrage/mikroalgen-der-rohstoff-der-zukunft-1260/)
Erst als man sich weltweit darauf verständigte, der Spirulina-Aufzucht den Vorrang zu geben, kam die Algenzucht in Schwung. Die Spirulina ist im Vergleich zur Chlorella, nämlich sehr genügsam, was ihre Kultivierung angeht. Der Aufbau einer "grünen Wirtschaft", die Nutzung von "grüner Energie" und allgemein der wirtschaftlich sinnvolle Umgang mit dem "grünen Gold" konnte beginnen.

"Der Aufbau einer "grünen Wirtschaft", die Nutzung von "grüner Energie" und allgemein der wirtschaftlich sinnvolle Umgang mit dem "grünen Gold" konnte beginnen."

Die eigentliche Spirulinaforschung und -kultivierung begann 1967 mit dem japanischen Wissenschaftler Hiroshi Nakamura. Er machte Bio-Spirulina durch Massenkultivierung als Eiweißquelle, Vitamin- und Mineralstofflieferant zugänglich und kommerziell verwertbar.
Heute wird Spirulina auf Wasserfarmen in tropischen und subtropischen Gegenden wie zum Beispiel Hawaii, Kalifornien, Indien, China, Thailand in natürlichen Seen oder in speziell dafür entwickelten, etwa 15 bis 25 cm tiefen Becken kultiviert.
Doch so einfach, wie es klingt, ist es natürlich nicht. Auch bei der Spirulina-Kultivierung steckt der Teufel im Detail. Man weiß zwar, was die Mikroalge an Wachstumsbedingungen braucht, und auch, dass ein aus dem äthiopischen Aranguadi-See stammender Spirulina-Stamm sich besonders für die Züchtung empfiehlt, aber auch wenn man alle Faktoren berücksichtigt, kann bei der Massenproduktion einiges schief gehen. Lange gab es 'Streit' darüber, ob die Aufzucht in Bio-Reaktoren oder in Becken effektiver ist. Das Thema Kontaminierung durch Bakterien und Umweltgifte stand ebenso auf der

Tagesordnung wie Ertragsraten, die Anzahl der Ernten pro Jahr und die Kontrolle über eine gleichbleibende Qualität des Produktes Spirulina.
Inzwischen gibt es auf allen fünf Kontinenten zahlreiche Spirulina-Farmen. Nur Europa ist – wenn man sich die Länder und Standorte anschaut – noch eine Diaspora. Vor der Küste der Bretagne werden Algenfelder abgeerntet. In Spanien und Norwegen gibt es Aqua-Kulturen zur Algenzucht. Doch in einem Artikel "Algen, der Superstoff des 21. Jahrhunderts" stand in der "Welt" vom 1.8.2015 zu lesen: "Weltweit größter Algenproduzent ist China, gefolgt von Indonesien, den Philippinen, Südkorea und Japan. In Europa dürfte Frankreich mit einer Ernte von 90.000 Tonnen der größte Produzent sein, allerdings ist sein Anteil an der weltweiten Algenproduktion von zuletzt 21 Millionen Tonnen im Wert von schätzungsweise 5,5 Milliarden Dollar (rund fünf Milliarden Euro) damit verschwindend gering". (Quelle: http://www.welt.de/wirtschaft/article144702768/Algen-der-Superstoff-des-21-Jahrhunderts.html)
Und weiter: "Auch wenn Algen in Deutschland noch immer vor allem als Zutat für Sushi bekannt sind, nehmen wir sie bereits jetzt ohne es zu wissen zu uns. Denn sie stecken in vielen Alltagsprodukten, etwa in Form von Carrageen, das als Bindemittel in Puddings, Eis und Joghurts eingesetzt wird. Oder als Stabilisator in Frischkäse, Margarine und Zahnpasta".

Die multiplen Anwendungsmöglichkeiten von Algen – sei es als Lebensmittel, als Nahrungsergänzung, als "grüne Medizin", Pharmaprodukt oder Bio-Treibstoff, als Sauerstofflieferant in U-Booten oder auf der Raumstation ISS, als Bitumen für den Tiefbau oder Dünger im eigenen Garten – prädestiniert sie zum Rohstoff der Zukunft. Die Möglichkeiten, die Algen bieten, werden mit jedem Tag offensichtlicher. Dank der kurzen Wachstumsphase können wir bereits "Super-Spirulina" mit unterschiedlicher Nährstoff-Zusammensetzung kultivieren – mehr Zink zum Schutz des Immunsystems, mehr Eisen für blutarme Menschen, mehr Calcium für Osteoporose-Patienten. Und das Beste daran: Diese Nährstoffe werden nicht einfach nur beigemischt, sondern in den Wachstumszyklus der Alge eingebaut.

◀ ***Die BlueBioTech Spirulina-Algenfarm*** *bei Sonnenuntergang in der Provinz Yantai, China*

Dass das "Grünzeug aus dem Meer" uns gute, ja hervorragende Dienste leistet, wird bei näheren Betrachtung evident. So hilft die harmonisierende Wirkung der Spirulina-Alge bei der Entsäuerung des viel zu oft übersäuerten Organismus'. Was Fastfood, Alltagsstress und Umweltgifte im Körper anrichten, nämlich den Entzug alkalischer Salze und zahlreicher Vitamine, kann eine gezielte Spirulina-Kur wieder regulieren. Die stark alkalische Spirulina kann Magen-Übersäuerung entgegenwirken, Darmflora und Verdauung beruhigen, macht Übelkeit und ständigem Aufstoßen nach schwerer (falscher) Kost ein Ende und hilft auch dabei, andere körperliche Funktionen zu regulieren.
Was hat man als Verkehrsteilnehmer bezüglich der Ampelfarben gelernt? Rot heißt Stopp, Grün bedeutet: Fahr los! Grün leben ist dank Spirulina gar nicht mehr so schwer. Man muss einfach nur damit anfangen...

"Dass das "Grünzeug aus dem Meer" uns gute, ja hervorragende Dienste leistet, wird bei näheren Betrachtung evident."

Algen in der Ernährung

Hätten Sie gewusst, dass Algen in europäischen Küstenregionen lange Zeit zur Esskultur gehörten und zum Beispiel in Wales oder Irland immer noch gehören? Dass sie auf dem japanischen Speiseplan eine feste Größe sind, verwundert nicht. Für die Ernährung einer ständig wachsenden Weltbevölkerung werden neben Soja auch Algen eine leckere und eminent wichtige Rolle spielen. Algen sind fantastische Lebensmittel mit einem hohen Nährwert, mit präventiven und kurativen Eigenschaften. Laut Ernährungs-Wissenschaftlern werden sie als Nahrungsmittel in der Zukunft unentbehrlich werden

Algen in der Ernährung

Die Bedeutung der Algen für unser Leben

Wachsende Weltbevölkerung, Ernährungsengpässe, Hungersnöte... Wie will man 7,3 Milliarden Menschen – Stand 2015 – ernähren? Diese Fakten im Hinterkopf drängt sich die Frage auf: Was kann die Alge als Lebens- und Nahrungsergänzungsmittel? Die Alge mit ihrem riesigen Nährstoffprofil kann nicht nur Defizite in der westlichen Ernährung ausgleichen, sondern sie wird – man muss kein Prophet sein, um das vorherzusagen – eine ganz gewichtige Rolle in der Welternährung spielen.

Algen als vitalstoffreiche Basisernährung

Auf dem Speiseplan der Japaner spielen Algen – egal ob frisch, getrocknet, gedämpft, gemahlen oder zerkleinert – eine Hauptrolle. Ob als 'Mantel' für Sushi, als knackiger Salat, als Zutat in Suppen, als Gewürz, Snack oder als gedämpftes "Meeres-Gemüse" – Algen sind in der japanischen Küche allgegenwärtig. Kombu, Konbu, Tororo Konbu, Ao-nori, Aosa – was bis vor Kurzem für unsere Ohren noch komplett exotisch klang, wird auch hierzulande langsam zum Trend. Noch zaghaft wird Wakame-Salat ins Sortiment von Supermärkten aufgenommen oder taucht auf Speisekarten von In-Restaurants auf. Selbst Sterneköche verarbeiten mittlerweile Algen. Die Trendwende scheint eingeleitet. Dass Algen bzw. Algenextrakte seit Jahren in der Lebensmittelindustrie als Zusatzstoffe (E 400 bis E 407) für Festigkeit, Bindung oder Geschmeidigkeit, als Zartmacher und Geschmacksverstärker genutzt werden, ist den meisten Europäern entgangen. Doch wer das Kleingedruckte aufmerksam studiert, entdeckt Alginate, Agar-Agar oder Carrageenan, die in Desserts, in Suppen, Bonbons oder belgischem Bierschaum auftauchen.

Da diese Lebensmittelzusatzstoffe – im Gegensatz zu anderen – gesundheitlich unbedenklich, bzw. manchmal sogar gesundheitsfördernd sind, werden sie auch von der Pharmaindustrie bei der Medikamentenherstellung gerne eingesetzt.

Als vitalstoffreiche Basisernährung kann man ca. 200 Algenarten (davon fünf Mikroalgen) für den Menschen nutzen.

Algen als Mittel im Kampf gegen den weltweiten Ernährungsnotstand

Als Nahrungsmittel, Mineral- und Nährstofflieferant sind Algen einfach Spitze. Sie enthalten u.a. Zink, die Vitamine A, C, E und B12. Im Gegensatz zu Mikroalgen enthalten Makroalgen oft Jod, was bei uns häufig fehlt. Dieses Spurenelement 'steckt' in größeren Mengen sonst nur in Fisch und Meeresfrüchten.

> *"Als Nahrungsmittel, Mineral- und Nährstofflieferant sind Algen einfach Spitze. Sie enthalten u.a. Zink, die Vitamine A, C, E und B1."*

Zu viel davon kann bedenklich sein und führte zu Bedenken und Artikeln mit Überschriften wie "Jod in Gemüsealgen: Schock aus dem Meer". (Quelle: https://www.test.de/Jod-in-Gemuesealgen-Schock-aus-dem-Meer-1051651-2051651/) Dort war zu lesen: "Wer regelmäßig zu jodhaltige Algen verzehrt, riskiert Fehlfunktionen der Schilddrüse mit gravierenden Spätfolgen. Bereits eine einmalige Überdosis Jod von 100 Milligramm kann reichen, um die Schilddrüse zu blockieren und eine vorübergehende Unterfunktion herbeizuführen". Da der normale Mensch aber keine

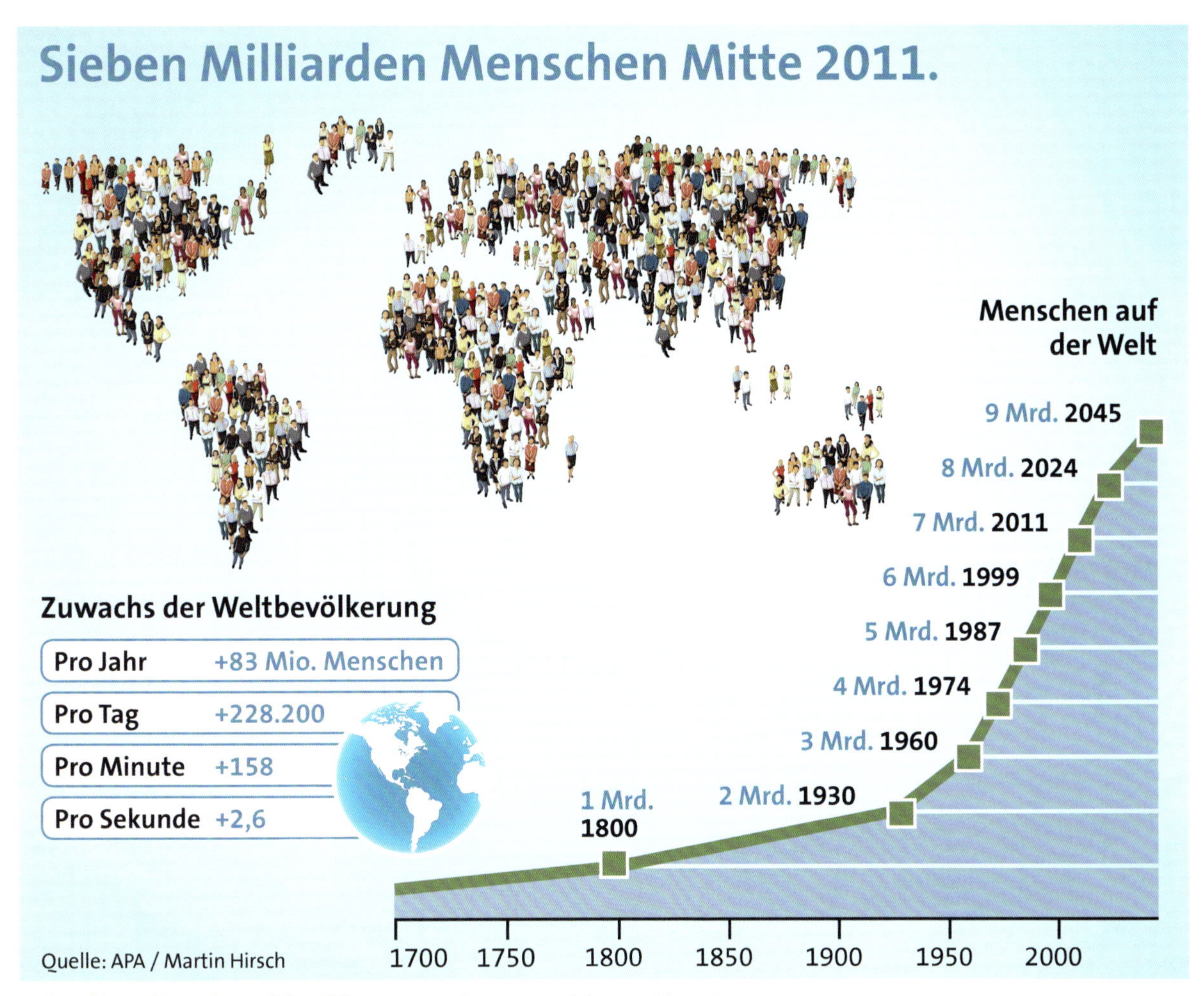

***Schnell wachsende Weltbevölkerung** auf unserem blauen Planeten*

Unmengen von getrockneten Algenblättern der Sorte Kombu verspeist, ist die Wahrscheinlichkeit, dass es zu einer solchen Reaktion kommt, mehr als gering.

Jod ist hierzulande eigentlich eher Mangelware. Davon zeugen all die Struma- oder veraltet: Kropf-Patienten. Jod ist der Motor für einen harmonischen Hormonstoffwechsel und sorgt damit auch für die schlanke Linie. Eine mengenmäßig vernünftige Zufuhr von Jod (wie z.B. in jodhaltigem Salz) ist der Gesundheit demnach zuträglich.
Kaum Kalorien, zahlreiche Nährstoffe – so könnte man mit wenigen Worten den Vorteil der Algen-Nahrung zusammenfassen. Ob als Speise oder als Nahrungsergänzung – die hier im Fokus stehende Ur-Alge Spirulina ist ein wahres Wirkstoffwunder. Sie enthält Enzyme, die den Stoffwechsel regulieren, Beta-Carotin, Phykozyan, Chlorophyll, essentielle Fettsäuren, Aminosäuren, Glykolipide, Polysaccharide, Vitamin B1, Vitamin B2, Vitamin B3, Vitamin B5, Vitamin B6, Vitamin B12, Vitamin E, Calcium, Eisen, Kalium, Magnesium, Mangan, Chrom, Germanium, Kupfer, Selen, Zink. Jedem dieser Inhaltsstoffe wird eine gesundheitsfördernde Wirkung zugeschrieben und deswegen verwundert es nicht, dass Spirulina gerne als "Superfood" eingestuft wird.

Das grüne Gold *ernteten die Maya z.B. in den heiligen Cenotes, Mexiko*

Die vergleichsweise einfache und energiesparende Kultivierung von Algen prädestiniert diese uralte Pflanze als Mittel gegen Mangelerscheinungen, Hungersnöte und Ernährungsengpässe. Die kulinarischen Vorzüge der Algen, in Japan längst erkannt, werden hierzulande gerade erst entdeckt. Was Algen, richtig zubereitet und genutzt, alles können, können Sie an unseren Rezepten im weiteren Verlauf dieses Buches ersehen. Nur soviel: Das 'Meeresgemüse', schon im chinesischen Kaiserreich als Delikatesse betrachtet und von Maya und Atzeken als Kraftspender verehrt, wird in Zukunft zu den Top Five der Nahrungsmittel gehören.

Dass Algen wegen ihres hohen Proteingehaltes, der zahlreichen bioaktiven Substanzen und sekundären Pflanzenstoffe ein ideales Lebensmittel sind, haben wir bereits dargelegt. Wann immer das Gespenst einer weltweiten Nahrungsmittelnot am Horizont erschien, wurde in Sachen Nahrungsbeschaffung geforscht und experimentiert. Dabei machte die Kultivierung von Spirulina-Algen wegen des geringeren Aufwandes am meisten Sinn.

Ohne Algen kein Leben auf der Welt

Vor gut 3,5 Milliarden Jahren begann mit der "Ursubstanz Alge" das Leben, wie wir es heute kennen. Sie stand am Anfang aller Nahrungsketten, absorbiert Kohlendioxid und produziert als photosynthetische Pflanze Sauerstoff – und davon produziert sie mehr als alle Regenwälder dieser Erde. Man könnte vereinfacht sagen: Ohne Algen kein Leben auf dieser Welt. Das mag formelhaft klingen, trifft aber den Kern der Sache: Denn die durch Rodung verkleinerten Waldflächen, die durch Raubbau geschändete Natur, die durch Industrie verseuchte Erde nehmen uns – im wahrsten Sinne des Wortes – die Luft zum Atmen. Algen können auch in dieser Hinsicht unsere Rettung sein.

Vier Super-Spirulina-Spezialitäten und deren Wirkungsweisen

Spirulina Zink

Wir haben mit den Sorten Spirulina Zink, Selen und Chrom Spezialitäten entwickelt, die den Zusatzstoff nicht beigemischt bekommen, sondern diesen in der Wachstumsphase aufnehmen. Bei dem Versuch, Algen und Pilze zu verbinden, wurde auch Selen beigemischt

Spirulina platensis

Allgemeine Analyse der Spirulina
Spirulina ist ein hochwertiger pflanzlicher Eiweißträger mit bis zu 67 Prozent leicht verdaulichem Eiweiß und allen essentiellen Aminosäuren.

Nährstoffe	**g/100 g**
Eiweiß	59,80
Kohlenhydrate	12,80
Fette	6,70
Asche	9,90
Rohfaser	6,20
Feuchtigkeitsgehalt	4,60
Brennwert	1.480 kJ / 350 kcal
Broteinheiten	1 BE

Eiweiß- lebenswichtige Aminosäuren	**g/100 g**
Isoleucin	3,30
Leucin	5,00
Lysin	2,60
Methionin	0,90
Phenylalanin	2,20
Threonin	2,40
Tryptophan	0,66
Valin	3,90
weitere Aminosäuren	**g/100 g**
Alanin	4,30
Arginin	3,50
Asparaginsäure	5,00
Cystin	0,30
Glutaminsäure	8,60
Glycin	2,50
Histidin	0,70
Prolin	1,70
Serin	2,20
Tyrosin	1,50

Kohlenhydrate	**Durchschnitt %**
Glucan	1,5
Glucosamin & Muraminsre.	2,0
Glycogen	0,5
Phosphorilierte Cyclitole	2,5
Ramnose	9,0

Vitamine	**mg/100 g**
Vitamin B1 (Thiamin)	2,70
Vitamin B2 (Riboflavin)	2,10
Vitamin B3 (Niacin)	13,20
Vitamin B6 (Pyridoxin)	0,20
Vitamin B9 (Folsäure)	62,00 µg
Vitamin B 12 (Cyanocobalamin)	139,00 µg
Vitamin D	28,00 µg/1.120 I.E.
Vitamin E (Tocopherol)	4,10

Mineralien	**mg/100 g**
Calcium	1.265,00
Chlorid	90,00
Chrom	0,48
Eisen	118,00
Fluor	3,00
Natrium	320,00
Mangan	4,65
Zink	7,60
Magnesium	367,50
Kupfer	0,37
Molybdän	0,03
Selen	1,00
Jod	n. n.
Silicium	100,00
Phosphor	1.200
Kalium	1.120,00

Sek. Pflanzstoffe	**mg/100 g**
Chlorophyll - a	2.240,00
Beta-Carotin	52,00
Phycozyanin	> 12.000

Fettsäuren	**% vom Gesamtfett**
Laurinsäure (C 12:0)	9,1
Palmitinsäure (C 16:0)	44,4
Stearinsäure (C 18:0)	6,9
Palmitoleinsäure (C 16:1)	3,8
Ölsäure (C 18:1)	1,9
Linolsäure (C 18:2)	14,9
Gamma-Linolensäure (C 18:3)	19,0

Stressesser leben gefährlich: *Alles schnell und nebenbei, viel, fettig und unter Zeitdruck*

und konnte hinterher nicht mehr entfernt werden. Die Beimischung ist also quasi eine Assimilation. Diese Versuche wurden mit Fördermitteln der Europäischen Union des Landes Schleswig-Holstein getätigt. Wir haben damit in Büsum angefangen und das Projekt wurde dann später nach Hainan verlegt, jene Insel in Südchina, die wir schon erwähnt haben. Dort wurde der Versuch dann in großem Maßstab fortgesetzt.

Booster, Superfood – Kraftwerk Alge

Immer wieder wird Lebensmitteln das Prädikat 'Superfood' verliehen. Superfood ist ein inzwischen recht inflationär verwendeter Marketingbegriff, der "nährstoffreiche Lebensmittel, die als besonders förderlich für Gesundheit und Wohlbefinden erachtet werden", bezeichnet. Je nach medialer Verlautbarung sind mal Goji-Beeren das angesagte Superfood, mal Chia-Samen, dann die wiederentdeckten südamerikanischen Açai-Beeren. Wenn aber ein Lebensmittel diese Auszeichnung verdient hat, dann die Spirulina-Alge.

Nebenwirkungen sind bei der Spirulina bislang nicht bekannt. Es gibt gute Gründe, sie nicht abends zu nehmen. Denn diese Alge hat eine solch hohe Energiedichte, dass man vor lauter Power dann oft nicht schlafen kann. Aber das hängt sehr von individuellen Faktoren ab. Wer abends um acht oft müde ist, der sollte Spirulina vielleicht zum Abendessen einnehmen. Jemand, der morgens einen Energieschub braucht, sollte seine Ration morgens zu sich nehmen. Da sollte jeder einmal in sich hineinhorchen und auf die innere Stimme hören. Das ist besser als die Vorgabe: Nehmen Sie Spirulina dreimal am Tag. Essen und Ernährung haben viel mit Bewusstsein zu tun. Wann brauche ich was? Schaufele ich Essen gedankenlos in mich hinein oder genieße ich jeden Bissen? Tut Essen mir gut? Wie nehme ich mich selbst wahr? Wie achtsam bin ich mit mir?

Nahrung & Ernährung: Algen als Nahrungsergänzungsmittel

Seit geraumer Zeit werden immer wieder neue Ernährungstrends ausgerufen, die dann kurzfristig als das Alleinseligmachende gepriesen werden: FdH, Low Carb, Atkins, Veggie, Vegan, Paleo, Trennkost und vieles andere mehr. Grundsätzlich ist es ja begrüßenswert, dass man sich mit seiner Ernährung auseinandersetzt und dass es Trends gibt, die den Menschen klar machen, wie wichtig Ernährung für das Wohlbefinden, das – schön Neudeutsch – Well Being, ist. Dieses scheinbar neue Interesse an Ernährung spiegeln auch die zahlreichen TV-Kochshows wider. Gefragt, ob die Zuschauer das Gezeigte umsetzen und nachkochen, hört man sehr oft als Antwort: 'Nein, wir finden das nur unterhaltsam!' Kochshows sensibilisieren sicherlich den ein oder anderen für das Thema Kochen zuhause, gut kochen, gesund ernähren usw.

Aber in unserer doch sehr leistungsbezogenen, schnelllebigen Zeit wird eben gerne zur Tiefkühlpizza zu Fast oder Convenience Food gegriffen. Daran haben auch die Kochshows wenig geändert.

Man hat verlernt, bewusst zu kochen und sich bewusst zu ernähren. Verallgemeinernd kann man sagen, dass es früher die Mutter war, die saisonal einkaufte, die pro Woche einen Essensplan erstellte und sich mit dem Thema 'Kochen & Ernährung' auseinandersetzte und auskannte. Wir haben das verlernt. Das kennt ja jeder aus seiner Biografie. Die Mutter ging zum Markt, kaufte frische Sachen ein, es gab geregelte Essenszeiten mittags zwischen 12 und 13 Uhr, abends um 18 oder 19 Uhr – und da war es ratsam, wenn man rechtzeitig zuhause war. Diese auch dem alltäglichen Leben eine Struktur gebenden Einteilungen sind mit der Zeit verschwunden oder haben sich durch den demographischen Wandel aufgelöst. Der feste Familienverbund löste sich langsam auf. Kleinfamilien und Singles entwickelten eine eigene Esskultur. Die Zwänge des modernen Lebens taten ein Übriges, die Essgewohnheiten nachhaltig – und oft zum Schlechten – zu verändern. Die Schule ging länger, der Vater machte Überstunden, die Mutter nahm einen Job an – damit setzte die Erosion der oben beschriebenen Regeln ein.

"Die Zwänge des modernen Lebens taten ein Übriges, die Essgewohnheiten nachhaltig – und oft zum Schlechten – zu verändern."

Es geht hier nicht darum, die Lebensmittelindustrie an den Pranger zu stellen, sie reagiert ja oft genug nur auf Kundenwünsche. Aber die Tatsache, dass Tomaten immer rot, prall und glänzend aussehen sollen, dass alle Lebensmittel möglichst lange möglichst frisch bleiben sollen, führt zur Verwendung von Zusatzstoffen und damit zu ernährungstechnischen Fehlern. Denn die Suggestion 'prall rote Tomate ist gleich gesund' bleibt Suggestion. Was lecker ist, muss nicht gesund sein. Aber wenn Kunden nach Äpfeln mit wenig Säure verlangen, werden halt süße Äpfel gezüchtet. Dass dieser Umstand zu Verwerfungen bei der Lebensmittelproduktion führt, ist klar.

Der Mensch ist – bei aller beanspruchten Individualität – ein Herdentier. Er macht das, was man ihm vorgibt oder sagt. Die Werbung hat es gut verstanden, auf dieser Klaviatur zu spielen und betont gebetsmühlenartig, wie gesund und lecker diese oder jene Lebensmittel sind. Und schon greift man im Supermarkt danach. Mit unterschwelligen Reizen werden Kaufimpulse gesteuert, aber das ist ein anderes Thema.

Das Thema Ernährung sollte schon in jungen Jahren auf dem Stundenplan stehen und zu einer kritischen Auseinandersetzung mit Esskultur und Lebensmitteln führen. Das, was das Wasser für die Fische ist, ist die Nahrung für den Menschen. Leider haben wir den bewussten Umgang mit Nahrung weitestgehend verlernt. Frag' mal einen Passanten in der Fußgängerzone, was Pastinaken, Topinambur oder Wurzelpetersilie ist und man wird vielfach Schulterzucken als Antwort erhalten. Es ist das berühmt gewordene Beispiel, dass Schüler nur lila Kühe kennen, weil sie eine echte Kuh noch nie zu Gesicht bekommen haben.
Dieser beschriebene Zeitgenosse schaufelt, wenn er Hunger bekommt, irgendetwas in sich hinein, ohne zu hinterfragen, ob das auch gut für ihn ist. Das bewusste Zubereiten und Erleben von Nahrung ist verloren gegangen. Der bewusste Umgang mit dem eigenen Körper ebenso. Das Verständnis dafür, was Nahrung bewirkt, welche Organe an der Verdauung der Nahrung beteiligt sind, muss wieder gepflegt werden.

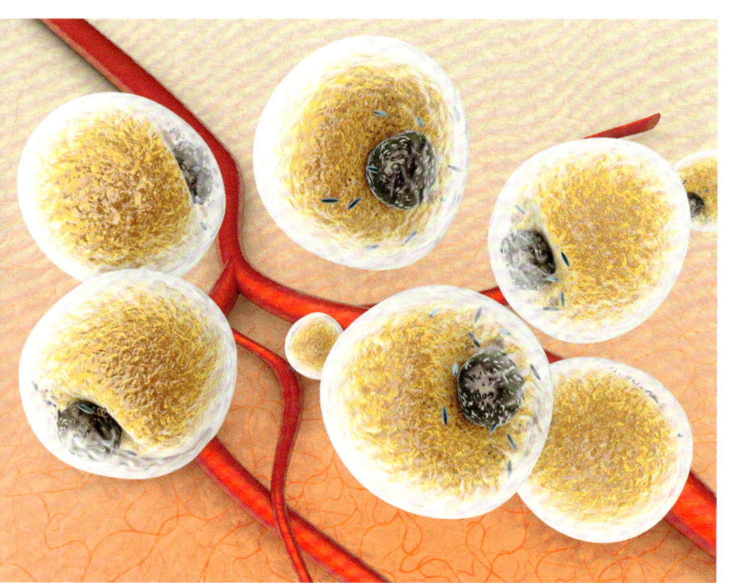

Fettzellen im menschlichen Gewebe *und zwischen den Blutgefäßen und Kapillaren*

Leider findet eine Sensibilisierung meist erst dann statt, wenn Not am Mann oder Frau ist, wenn man nach dem Konsum fetter Speisen Probleme hat, wenn der Bewegungsapparat eingeschränkt ist, wenn der Leidensdruck groß geworden ist. Man sollte schon in der Kita und dann natürlich in der Schule ein Fach wie 'Ernährung, Nahrung, Kochen' einführen. Alles sehr anschaulich, sehr praxisbezogen. Rezepte, Einkaufszettel, Saisonkalender, Lebensmittelkunde....

Apropos Einkaufszettel. Wenn ich zum Supermarkt gehe, komme ich meist mit allem zurück, nur nicht mit dem, was meine Frau braucht. Deswegen kriege ich einen Einkaufszettel oder meine liebe Frau kauft direkt selbst ein. Das Kaufverhalten hat mit meinem Essverhalten als Kind und Jugendlicher zu tun. Ich habe trotz aller Bemühungen meiner Mutter kaum Obst und nur selten Gemüse gegessen – deswegen hatte ich immer den Wunsch, die Pille zu erfinden, wo alles drin ist.

*"Ich hatte immer den Wunsch,
die Pille zu erfinden,
wo alles drin ist."*

Wenn ich nicht bewusst bin, kaufe ich heute noch oft vorne im Supermarkt ein bisschen Obst und Gemüse, dann viele Milchprodukte und zum Schluss ganz hinten süße Sachen. Neuro-Marketingmanager haben sich genau überlegt, wie die Regale in Supermärkten bestückt werden und was uns dazu bewegt, zu diesem oder jenem zu greifen. Wenn ich in einem kleinen Bio-Markt einkaufe, verhalte ich mich ganz anders, viel bewusster, weniger gesteuert. Aber all das ist ein abendfüllendes Thema, das hier nicht erschöpfend dargestellt werden kann.

Wie schon erwähnt, wollte ich eine Pille entwickeln, wo alles drin ist, – u.a. mit dem Hintergedanken, dass ich dann ohne Reue Süßes essen kann und darf. Aber Süßigkeiten geben dem Körper eben nicht das, was er braucht. Schokolade bringt wegen der Dichte kurzfristig Energie, aber das war's dann auch. Die Kohlenhydrate werden in Fett umgewandelt. Die Süßesserei setzt einen teuflischen Kreislauf in Gang. Insulin wird ausgeschüttet, der Blutzuckerspiegel steigt und man hat mehr Hunger,

Gefahr beim Essen *Zivilisationskost ist eine der Ursachen für die Volkskrankheit Adipositas, "Fettleibigkeit"*

isst mehr Süßes. Die Bauchspeicheldrüse arbeitet auf Hochtouren und wenn sie dann kaputt geht, hat man Diabetes II, längst eine der tückischsten Volkskrankheiten. Eine, die in der Folge auch zu Nierenschwäche und im schlechtesten Fall zu Nierenversagen führt. Die goldene Regel lautet: Iss nur so viel Kohlenhydrate, wie Du wirklich verbrauchst.
Natürlich steckt auch hier der Teufel im Detail: Es gibt kurzkettige und langkettige Zucker, Fruchtzucker usw. Zucker ist generell eine Belastung für den Körper.

Die Alternative zum raffinierten Zucker sind Agavendicksaft, Reissirup und Kokosblütenzucker. Letzterer hat eine länger anhaltende Energie als herkömmlicher Zucker. Den kriegt man aber nur in wirklich gut sortierten Reform- oder Bioläden. Stevia ist auch gut. Optimal wäre es, die Pflanze selbst zu essen. Stevia ist ein Zuckerersatzstoff, der leider die Bauchspeicheldrüse belastet. Die denkt: Da ist was Süßes und produziert Insulin. Weil die Industrie von der eigentlichen Pflanze immer weniger verarbeitet, sind für mich die besseren Varianten Agavendicksaft und Kokosblütenzucker.

Eine andere 'Sünde' der Nahrungsmittelindustrie sind die Light-Produkte und die generelle Verteufelung der Fette. Fette sind Geschmacksträger und deswegen stammesgeschichtlich sehr begehrt. Als nun im Zuge des Wirtschaftswunders der Bauch immer dicker wurde, schrieb man das alleine den Fetten zu. Um Light-Produkte überhaupt verkaufen zu können, wurde also das Fett reduziert und als Geschmacksträger der Zuckeranteil erhöht, auch weil man zu diesem Zeitpunkt noch nicht genau um die Verwandlung von Kohlenhydrate in Fett wusste. Wenn man sich eingehender mit Light-Produkten beschäftigt, wird man erstaunt feststellen, dass der Kohlenhydratanteil massiv in die Höhe gegangen ist.

Es gibt durchaus gute Fette. Gesunde Fette sind z.B. die ungesättigten Fettsäuren, die in unserem Körper eine zentrale Rolle spielen. Der Mensch ist ein Zellhaufen bestehend aus ca. 70 bis 100 Billionen Zellen. Jede dieser Zellen ist für sich gesehen erst einmal autark, weil sie eine Zellmembran braucht und hat. Im Verlaufe der Evolution fand natürlich eine Spezialisierung statt, wo Zellen sich zusammentun, um gewisse Aufgaben zu erfüllen.

Die größten Zellen und wichtigsten Arterien sind die Herz-Aorta und die Halsschlagader. Wenn man die eigentliche Organstruktur untersucht, werden die Zellen immer kleiner. Ein Beispiel: Eine Gehirnkapillare ist sieben Mal dünner als ein menschliches Haar. Wie kriegt man nun das dicke, mit Sauerstoff angereicherte Blut in diese feinen Gehirn-Kapillaren? In der Zellbiologie lernt man, dass die Zellmembranen semipermeabel sind, halb-durchlässig, so dass Stoffe in die Zelle gelangen und auch aus ihr heraus können.

Im Körper sind ca. 600 Milliarden Blutzellen unterwegs, die u.a. für den Transport von Sauerstoff zuständig sind. Wie geht der Austausch nun von statten? Damit das Gehirn den vom Blut transportierten Sauerstoff aufnehmen kann, muss die Zellmembran des Blutes total elastisch sein. Dafür sorgen die ungesättigten Fettsäuren, die die Zellmembran geschmeidig halten, flüssig, elastisch. Das gilt genau so für Leber- und Muskelzellen. Nur durch die elastischen Zellmembranen kann überhaupt ein Austausch von Stoffen stattfinden. Ungesättigte Fettsäuren sind die Weichmacher des Körpers. Ungesättigte Fettsäuren findet man in Nüssen, in Samen und auch in Spirulina-Algen. Das Wertvollste, was die Natur zu bieten hat, packt sie in den Samen, weil so der Fortbestand gewährleistet ist. Die Pflanze hat somit alle wichtigen Nährstoffe, um schnell zu wachsen.

Stichwort Nüsse und Samen: Steinzeit-Diät. Paleo ist gerade sehr angesagt. Prominente Damen wie Veronica Ferres oder Maria Furtwängler bekennen sich dazu und haben mit dieser Nahrungsform (nichts anderes ist die Diät im Wortsinn) Gewicht verloren. Paleo ist sicherlich nicht für Jedermann gedacht, weil auch nicht wirklich alltagstauglich. Es gibt sehr viele Ernährungskonzepte, aber keines passt für jeden Menschen. Es ist sicherlich gut, dass es unterschiedlichste Ansätze und Diätkonzepte gibt, aber jeder ist gehalten herauszufinden, was für ihn das richtige ist. Der Mensch ist von Hause aus ein Allesfresser. Wenn man seine Ernährung nur auf Proteine ausrichtet, kann das eine Zeit lang gut gehen, aber irgendwann kann das sich ins Gegenteil verkehren. Wenn ein Mensch strikt fettarm isst, wird er irgendwann den Mangel an guten Fetten, den ungesättigten Fettsäuren, spüren. Wenn man sich nach der Paleo-Methode ernährt, vernachlässigt man die Tatsache, dass der Menschen vor 50.000 bzw. 100.000 Jahren noch komplett anders aufgebaut war als heute. Anlässlich einer Ausstellung im Neandertal-Museum, die ich als Kind mit meinen Eltern besuchte, wurde augenfällig, wie sehr sich der Mensch im Laufe der Zeit verändert hat. Der Neandertaler verfügte noch über ein Gebiss, mit dem er harte Nahrung zerbrechen und Nüsse knacken konnte. Unsere Kauwerkzeuge wurden durch die industrielle Produktion von Lebensmitteln immer weniger gefordert und deshalb immer einfacher. Wir pürieren das Gemüse und essen Brei. Wir kochen harte Lebensmittel weich. Wir können prozessierte Fertiggerichte fast ohne Kauen zu uns nehmen.

Lebensmittel *für die Paleo-Diät*

Du bist, was Du isst *Welche Lebensmittel für was gut sind, zeigt Ihnen diese Tafel. Essen leicht gemacht...*

Die Idee hinter Paleo ist ja begrüßenswert. Man will zurück zu dem Ursprünglichen. Aber wer heute Nüsse kauft, muss wissen, dass sie in höchstem Maße behandelt worden sind. Frische Nüsse haben noch einen großen Wassergehalt und sind ein perfekter Nährboden für Schimmelpilze. Nüsse werden mit Pestiziden, Insektiziden und anderen Mitteln behandelt. Wenn also Paleo, dann muss man stark darauf achten, dass man ausschließlich unbehandelte Nüsse kauft. Und die verderben natürlich auch viel schneller.

Wenn ich einem Menschen, der jahrelang industriell gefertigte Lebensmittel zu sich genommen hat und dessen Darm, dessen Mikroorganismen, dessen Enzyme sich darauf eingestellt haben, etwas 'Ursprüngliches' auftische, dann kann er diese Steinzeit-Lebensmittel nur schwer oder gar nicht verarbeiten. Weil ihm die entsprechenden Enzyme und Bakterien dazu fehlen. Die Wissenschaft hat festgestellt, dass es im Darm hundert Billionen von Bakterien gibt und jeder Mensch ein Bakterienprofil hat, das so individuell ist wie sein Fingerabdruck. Bei einer abrupten Ernährungsum-

stellung kann es vorkommen, dass der Organismus rebelliert. Darum rate ich dazu, eine geplante Ernährungsumstellung langfristig einzuleiten, damit der Körper Zeit hat sich darauf einzustellen.

Eine andere, durch die mediale Berichterstattung in den Blick geratene Ernährungsweise ist die der Veganer. Vegan ernährt sich, wer nichts isst, was tierischer Herkunft ist. Konsequent zu Ende gedacht, dürfte man als Veganer auch keine Ledergürtel oder Lederschuhe tragen oder keinen Wein trinken, dessen Grobpartikel mit tierischer Gelatine aufgefangen oder dessen Färbung mit Eiklar verändert wird. Inzwischen gibt es aber auch schon vegan angebaute und gezogene Weine. Wer hier konsequent leben will, der muss viel Zeit darauf verwenden.

"Im Darm gibt es hundert Billionen von Bakterien und jeder Mensch hat sein eigenes Bakterienprofil, vergleichbar mit einem Fingerabdruck."

All das ist ja eigentlich nichts Neues. Ebenso wenig wie die vegetarische Ernährungsweise, die im Gegensatz zum Veganismus Milchprodukte, Honig und andere tierische Produkte erlaubt, etwas Neues ist. Es gab wohl zu allen Zeiten Menschen, die kein Fleisch und keinen Fisch aßen. Die Trennschärfe zwischen Vegetarismus und Veganismus ist klar. Innerhalb der vegetarischen Schule gibt es dann verschiedene Spielarten. Flexi-Vegetarier essen zum Beispiel Fisch.

Durch die moderne Berichterstattung und Gallionsfiguren wie Attila Hildmann ist die vegane Küche dann populär geworden. Ich selbst habe mich mal, einfach um es auszuprobieren, mehrere Monate vegan ernährt. Das ist nicht immer leicht, weil es im Alltag dann doch Beschaffungsprobleme gibt, aber es schmeckt besser, als man denkt und kann beim Gewichtsmanagement helfen, weil es viele Dinge, die uns sonst Probleme bereiten, direkt ausklammert. Nun …heute esse ich auch mal gerne ein gutes ausgesuchtes Stück Fleisch, aber immer wieder stelle ich fest, dass ich auch vegane Mahlzeiten zu mir nehme. Lustige Fußnote am Rande: Coca Cola ist 100 prozentig vegan. Und siehe da: Vegan muss also nicht immer gut sein.

"Coca Cola ist 100 prozentig vegan. Und siehe da: Vegan muss also nicht immer gut sein."

Vegane Ernährung ist sehr kohlenstoffreich, man bekommt aber über fermentierte Soja auch seine Ration Proteine. Natürlich passiert da im Körper etwas. Wasser wird aus dem Organismus geschwemmt, man nimmt ab, man ernährt sich sehr bewusst und gesund. Für mich ist vegan ein Teil gesunder Ernährung, aber nicht alles. Natürlich lebt dieser vegane Trend auch durch die damit einhergehende Philosophie. Wer Massentierhaltung, industrielle Aufzucht und alles, was damit zusammenhängt, verabscheut, der kommt automatisch zu den Veganern. Das ist auch ein Teil der Attraktivität dieser Lebensweise: Man braucht kein Fleisch. Man isst auch keine Eier, weil sie nicht als Lebensmittel gedacht sind. Man trinkt keine Milch, denn die ist eigentlich für Kälber. Daraus wird dann aber oft eine recht militante Ideologie.

Massentierhaltung ist schrecklich und wenn man diese Bilder tagtäglich vor Augen hätte, hätten Vegetarier und Veganer richtigen Zulauf. Aber ich denke und empfinde: Ab und zu ein gutes Stück Fleisch aus nachhaltiger Biohaltung tut mir gut, genauso wie mir ein Wakame-Salat gut tut. Aber ich bin gegen das Ausschließlichkeitsprinzip. Für mich gilt: Von allem etwas, von allem ein bisschen. Wenn's dogmatisch wird, dann stelle ich auf stur.

No Carb und Low Carb, die so genannten Hollywood-Diäten, verzichten weitgehend auf Kohlenhydrate. Aber – und das sei noch einmal betont: Der Körper braucht Kohlenhydrate, das Gehirn braucht täglich 25 Prozent der zugeführten Energie und die kommt eben schnell aus Kohlenhydraten. Langkettiger Zucker taugt da nichts, wir brauchen Glucose.
Grundsätzlich: Kohlenhydrate sind kein Thema, so lange man nur so viel isst, wie man auch verbraucht. Natürlich sollte man nicht unbedingt abends Unmengen von Kohlenhydrate in sich hineinschaufeln, mit denen Magen und Darm die ganze Nacht dann beschäftigt sind. Die ein oder andere Sünde sollte uns allen aber auch durchaus mal erlaubt sein. Denn genau so wenig sollte man hungrig ins Bett gehen und mit diesem Gefühl kämpfen. Klar, wenn ich abends Kohlenhydrate esse und sie nicht mehr verwerte, werden sie in Fett umgewandelt. Deswegen macht es Sinn, weniger Kohlenhydrate zu essen. Die richtige Balance ist entscheidend.

Artgerechte Tierhaltung *bietet Vorteile für Mensch und Tier*

Es ist nicht gut, immer nur gerade angesagten Trends zu folgen. Jeder sollte den 'Dialog' mit seinem Körper wieder führen. Was Hollywoodstars und deren Ernährungsberater raten, muss für uns Normalmenschen nicht richtig sein. Für Leinwandstars sind gutes Aussehen und eine schlanke Silhouette das Kapital. Aber sie haben auch ganz andere Aufgaben und Themen als ein Ingenieur aus Iserlohn oder eine Hausfrau aus Hamburg. Bei Kohlenhydraten ist Kauen sehr wichtig. Im Speichel sind Enzyme, die ich gerne 'Heinzelmännchen' nenne und die die Vorverdauung besorgen, die dann im Magen und Darm fortgeführt wird. Lange auf Fett oder Protein herum zu kauen, bringt hingegen nichts. Die Proteinverwertung passiert im Magen und die Fettverwertung im Darm. Ein unglaubliches Kauerlebnis ist es, wenn man auf einem schon gut durchgetrockneten Stück Vollkornbrot 30-40mal herumkaut. Zuerst nichts, aber dann eine Explosion von Aromen, von Süße, von Geschmack – diese Erlebnis sollte man sich in puncto Kohlenhydrate mal gönnen, vor allem dann, wenn man sie eigentlich direkt als 'böse' verunglimpft. Brot oder Brötchen aus leerem weißen Mehl schlingt man so herunter, aber dieses eine Stück Vollkornbrot wird zum Geschmackserlebnis.

Trinken ist wichtig

Wird sind ein Zellhaufen. Zellen bestehen zum Großteil aus Wasser. Eine ausgetrocknete Zelle ist tot und wird nicht mehr arbeiten. Zellen brauchen ein flüssiges Milieu. Wie viel man trinkt, hängt auch von der Menge ab, die ich esse.

Viele Lebensmittel – man denke an Gurken und Salat – bestehen zum Großteil aus Wasser. Wichtig ist: regelmäßig trinken. Manchmal vergisst man das und dann meldet sich der Körper meist und gibt uns Signale. Kopfschmerzen, weil sich die Zellen zusammenziehen, leichte Übelkeit, weil man zu dehydrieren beginnt. Schwindel, wenn man lange nichts trinkt... Mein Credo ist: Mindestens 100 ml Wasser innerhalb einer Stunde, besser noch 150 ml. Warum Wasser? Weil gutes Mineralwasser eben zahlreiche Mineralien enthält, frei ist von allem Beiwerk, kein Zucker, kein Fruchtzucker, nichts.

Und wenn man es ganz richtig machen will, trinkt man am besten warmes Wasser. Mit kaltem kann der Körper nichts anfangen, das muss er erst einmal wieder temperieren. Das verbraucht Energie, das erzeugt wieder Hunger. Die beste Grundlage, die man sich für den Tag schaffen kann, ist morgens ein Glas warmes oder heißes Wasser zu trinken. Meine liebe Frau macht das regelmäßig.
Klar, wenn es draußen 30 Grad hat, trinkt man gerne eiskaltes Wasser. Erfrischt ja auch im ersten Moment, setzt aber den Körper maximal unter Druck, weil er das eiskalte Wasser auf Temperatur bringen muss.

Fruchtsäfte oder Schorlen sind sehr zuckerhaltig. Man braucht nur zu vergleichen, wie viele Kalorien Apfelsaft im Vergleich zu Wasser hat und dann weißt du alles. Fructose ist ein Fruchtzucker, den der Körper bei einem Überangebot an Kohlenhydraten in Fett umwandelt. Die Devise: Iss so viele Kohlenhydrate, wie Du brauchst und du hast kein Problem. Wir essen alle zu viel davon. Wo das aus Zucker und Kohlenhydraten gebildete Fett abgelagert wird, darauf hat man kaum Einfluss. Das ist genetisch bedingt – bei Männern meist am Bauch, bei Frauen gerne an den Hüften, den Oberschenkeln, am Po.

"Ein Franzose fährt mit einem billigen Auto zu einem teuren Restaurant. Der Deutsche fährt mit einem teuren Auto zu einem billigen Restaurant."

Esskultur. "Ein Franzose fährt mit einem billigen Auto zu einem teuren Restaurant. Der Deutsche fährt mit einem teuren Auto zu einem billigen Restaurant", besagt ein Witz. Aber in ihm steckt ein Körnchen Wahrheit.

Wohltuendes warmes Ingwer-Zitrone-Wasser regelmäßig über den Tag verteilt trinken

Untersuchungen belegen, dass Deutsche – obwohl es ihnen wirtschaftlich gut geht – weitaus weniger für Lebensmittel ausgeben als Franzosen, Italiener und Spanier. In diesem Zusammenhang sollte man einfach mal darüber nachdenken, was man alles pflegt, bzw. in Ordnung oder in Stand hält. Ich sauge die Wohnung, ich spüle mein Geschirr, ich wasche mein Auto – was tue ich für meinen Körper? Dazu muss man natürlich auch halbwegs seine Funktionsweise kennen. Aber dann kann, dann sollte man den Körper als Tempel („Your body is a temple not a toy!") begreifen und auch diesen auf Hochglanz polieren.

Wo einkaufen? Wem kann man noch vertrauen? Es muss nicht immer Bio sein, aber wenn es um nicht gespritztes Obst und Gemüse geht, hat man im Bio-Laden die besten Chancen. Ich habe – wenn es um den Vergleich Supermarkt oder Bio-Laden geht – folgende Erkenntnis gewonnen: Wenn man etwas preiswert bekommt, dann neigt man dazu, mit der Ware nachlässig umzugehen. Ist etwas teuer, achtet man automatisch darauf, nichts zu verschwenden und bewusst mit der teuren Ware umzugehen. Mit kalt gepresstem Olivenöl, das stolze 19 Euro kostet, gehe ich anders um wie mit Olivenöl aus dem Discount für 3,99. Das Bewusstsein für teure Lebensmittel hat man hierzulande verloren oder gar nicht erst entwickelt. Frankreich, Italien und Spanien – das waren und sind natürlich auch Genussländern mit einer ausgeprägten Kochtradition.
Aber eine normale Familie mit ein zwei Kindern und, sagen wir, normalen Einkommensverhältnissen wird es sich gar nicht leisten können, alles im Bio-Laden zu kaufen. Die müssen zum Discounter und die müssen auch Kompromisse in Sachen Qualität machen. Was einfach herzustellen ist, kostet nachher auch weniger, wir sprechen also von sehr kohlenhydrathaltigen Lebensmitteln und schon zeigt sich eine Korrelation zwischen geringem und mittlerem Einkommen und der Häufigkeit von Fettleibigkeit.

Mir ist wichtig, dass man keine Ernährungs- und Diätform verteufelt. Sie haben alle ihre Berechtigung. Der einzelne Mensch muss sich nur fragen, was für ihn gut ist und sich dann sein Programm erstellen. Wie gesagt: Sobald es dogmatisch oder ideologisch wird, werde ich hellhörig und stutzig.

Bewegung ist Leben

Ganz wichtig im Zusammenhang mit Gesundheit und Ernährung ist Bewegung. Durch den technischen Fortschritt ist Bewegung, die früher lebensnotwendig war, weggefallen. Die Waschmaschine wäscht unsere Wäsche, ein Roboter-Staubsauger fährt durch die Wohnung, vieles ist automatisiert. In der Steinzeit: Der Mann tagelang auf Mammut-Jagd, die Frau sammelte Beeren, wusch, versorgte die Kinder, kehrte die Höhle. Diese Urmenschen waren dauernd in Bewegung, um

***Dein Körper** ist ein Tempel und kein Spielzeug*

ihr Überleben zu sichern. Wir dagegen bewegen uns immer weniger. Und dann setzt man auf Paleo, energiereiche, dichte Nahrung. Eine Nuss ist lecker, aber bleibt es dabei? Nur wenn man sich viel bewegt und in Aktion ist, macht eine Paleo-Ernährung wirklich Sinn. Ansonsten macht sie nur dick.

*"Es gibt so viele Möglichkeiten,
sich zu bewegen. Man muss es nur tun!
Frei nach dem Motto: Leben ist Bewegung,
Bewegung ist Leben!"*

Wenn ich unseren Hund beobachte, dann weiß ich, wie man es machen sollte. Morgens, nach dem Aufwachen, macht er ausgeprägte Dehnübungen. Und dann bewegt er sich – solange er auf seinen vier Pfoten ist – eigentlich permanent. Ich mache auch meine Yoga-Übungen, aber zu wenig. Wir brauchen Bewegung, sie steckt uns in den Genen. Wenn wir Muskeln bewegen wollen, brauchen wir einen Reiz. Die Bewegung ist der Reiz. Fällt der Reiz weg, verkümmert der Körper. "Aha, ich brauch' mich nicht mehr bewegen... gut so, spart Energie... super!" Falsch! Ganz falsch!

Wenn man sich diesbezügliche Studien anschaut und die letzten 50 Jahre unter die Lupe nimmt, begreift man, dass wir Methoden gefunden haben, uns immer weniger zu bewegen. Der ursprüngliche Zweck des Körpers geht verloren, – Bewegung findet nicht mehr statt oder nur noch in sehr eingeschränktem Maße. Der "Büromensch" sitzt 90 Prozent des Tages vor seinem Computer und wird zusehends schwächer. Die Muskeln schwinden, der Rücken schmerzt...

Bewegung ist einfach enorm wichtig!! Man unterscheidet zwischen Bewegung, die Sport ist, und normaler, natürlicher Bewegung. Wie oft verlasse ich eigentlich den bequemen Fernsehsessel und gehe in die Küche, um mir einen leckeren Salat zu machen oder den Müll rauszubringen?

Trägheit *ist eine der sieben Todsünden*

◀ **Beginnen Sie schon morgens** *im Bett sich zu recken und zu strecken und tief einzuatmen*

Treppensteigen *hält den Bewegungsapparat fit*

Bewegung: Treppen steigen statt Aufzug fahren, zum Kiosk laufen statt das Auto nehmen. Zur Arbeit radeln. Spazierengehen. Es geht nicht darum, Marathondistanzen zurück zu legen oder sich zu kasteien. Es geht einfach darum, öfter mal den inneren Schweinehund zu besiegen, sich aus dem Sessel zu wuchten und sich ein bisschen zu bewegen. "Sitzen ist das neue Rauchen", heißt der Slogan dazu und deswegen: bitte mindestens 3000 Schritte am Tag gehen – lieber noch etwas mehr. Trägheit ist nicht umsonst ein Riesenproblem unserer Gesellschaft. Trägheit macht auch den Darm träge, das kennt man. Man sitzt und es klappt nicht mehr mit der Verdauung. Und dann bewegt man sich und zehn Minuten später, geht's auf einmal. Bewegung fehlt... Meine Mutter hat bis zu ihrem Lebensende regelmäßig Gymnastik gemacht. Und ihre Freundinnen tun das bis heute, und die sind zum großen Teil schon über 90 Jahre alt. Auch wenn man alt ist, heißt die Devise: raus aus dem Sessel – kleiner Spaziergang oder Gymnastik.

Wir haben aber auch gelernt, dass ein Zuviel an Bewegung schädlich sein kann, weil es freie Radikale frei setzt. Wer Leistungssport betreibt, der weiß, er muss genaue Regenerationszeiten einhalten und dem gestressten Körper die Nahrung zuführen, die er auch zur Eindämmung der freien Radikalen braucht. Also: Bewegung mit Maß ist angesagt! Menschen, die in ihrem Sessel festgewachsen sind, haben große Mühe, sich zu überwinden und auf gut Deutsch den Arsch hoch zu kriegen. Das ist auch eine Hürde, aber man sollte sie überwinden. Besorgen Sie sich einen Schrittzähler besorgen und schauen Sie, ob Sie abends wirklich die 3.000 Schritte auf der Uhr haben, die das Minimum darstellen.

Die 40 besten Algen-Rezepte

Suppen, Salate, Hauptgerichte, Smoothies und Süßspeisen, alles mit Algen. Freuen Sie sich auf 40 gesunde und leckere Speisen und erleben Sie Genuss ohne Reue. Algen machen's möglich und Ihr Körper wird es Ihnen danken

Die 40 besten Algen-Rezepte

Das ist ja einfach! Man braucht ja nur eine Messerspitze oder einen Teelöffel Spirulina-Pulver in den Joghurt, die Suppe oder in die Pestosauce mischen und schon hat man 'seine Portion' Algen in den Ernährungsplan eingebaut. Ja, manchmal ist es so einfach und gegen diese Praktiken ist auch überhaupt nichts einzuwenden.

Aber natürlich ist Kochen mit Algen etwas anderes. Die hier versammelten Rezepte, die einmal den einfachen Weg weisen, aber auch etwas anspruchsvollere Algen-Gerichte aufzeigen, belegen eindrucksvoll, wie vielfältig Algen in der Küche genutzt werden können – und wie lecker das obendrein ist. Ob als Hauptingredienz für eine grüne Algen-Suppe oder als Beilage für ein Spaghetti-Gericht, ob frisch oder getrocknet, ob als frittierter Snack oder gemahlene Gewürzmischung – Algen sind auch in der Küche Allrounder.

Nori-Rotalgen sind in der japanischen Küche omnipräsent. In dem Inselstaat Japan hat die Alge etwa den gleichen Stellenwert wie bei uns die Kartoffel. Sushi wird in geröstete Nori-Blätter eingerollt. Hijiki, Ulva-Lactuka, Kombu, Ne-Kombu, Ao-nori, Aosa oder die Mekabu – alle Algenarten haben ihre Funktion – als Suppeneinlage für die beliebte Dashi-Brühe, als Gewürzmischung und Geschmacksverstärker, als Meeressalat und oder Beilage.

Man glaubt es heute nicht mehr, aber auch an Europas Küsten gehörten Algen jahrzehntelang zur Esskultur. Warum sie aus dem Bewusstsein und vom Teller verschwanden, ist eine Frage, die Food-Ethnologen beschäftigen sollte. In Wales gehören Algen bis heute zum Speiseplan. Dort mischt man Laver (eine schwarzbraune Alge) mit Hafermehl, formt daraus kleine Teigbällchen, die in der Pfanne ausgebraten werden. Das "Laverbread" gilt als walisische Spezialität. Auch wenn die Optik der Algen uns abschrecken mag, die Waliser lieben das im Meer vorhandene "wild food". Und immer häufiger findet man Algengerichte wie Pepper Dulse oder Sea

Eine Delikatesse ist der hier abgebildete Wakame-Salat, der inzwischen auch immer öfter auf unseren Speiseplänen auftaucht

Lettuce auf den Menükarten hipper Restaurants und der Kreativität in der Küche sind, was Algen angeht, wirklich keine Grenzen gesetzt.

Der Wiederentdeckung von Seetang & Co. für unsere tägliche Ernährung wäre mehr als wünschenswert. Weil diese Wasserpflanzen nicht nur schmackhaft, sondern eben auch wirklich gesund sind.

Suppen

Öfter mal ein Süppchen.
Als gesunde Hauptspeise liefert die Suppe dem Körper Vitamine, Mineralstoffe und wertvolle Ballaststoffe. In Kombination mit Algen profitiert Ihr Körper doppelt

Tom Ka Gai-Suppe

Zubereitung

Zur Vorbereitung das Hühnerfilet in kleine Stücke schneiden. Zwiebel und Knoblauch fein hacken. Die Chilischote entkernen und in feine Streifen schneiden. Den Ingwer schälen und klein hacken.
Zunächst die Zwiebel im Topf glasig werden lassen. Dann den Knoblauch kurz mit dazu und die Tom Ka-Paste mit angehen lassen. Dann mit Gemüsebrühe und Kokosmilch aufgießen und danach schön aufkochen.
Zitronengras, Chilischote und Ingwer in den Topf geben und nochmals aufkochen. Anschließend das Hühnerfleisch dazugeben und unter gelegentlichem Umrühren ca. 5 Minuten köcheln lassen. Danach die Bambussprossen hinzufügen und mit Salz und Zitronensaft würzen. Nicht zu viel Salz verwenden, da bereits die Tom Ka-Paste sehr würzig ist. Die Messerspitze Spirulina-Pulver hinzugeben.

Die Zitronengrasstangen wieder aus der Suppe entfernen, da sie zäh sind und nur Geschmack abgeben sollen. Die Suppe noch etwas ziehen lassen und anschließend mit Koriander bestreut servieren.

Die Zutaten für 4 Portionen

400 g Hähnchenbrustfilets
2 Dosen Kokosmilch (je 400 ml)
200 ml Gemüsebrühe
2 Stiele Zitronengras
1 Zwiebel
2 Knoblauchzehen
1 rote Chilischote
5 TL Tom Ka-Paste, rot
1 Glas Bambussprossen
20 g frischer Ingwer
1 Bund Koriandergrün
1 Spritzer Sojasauce
Eine gute Messerspitze Spirulinapulver

+++Gut zu wissen+++Gut zu wissen+++

Der Koriander ist eine Mittelmeerpflanze, die verwandt ist mit Kümmel, Fenchel und Anis.

Mit seinen Verwandten teilt sich der Koriander auch die Wirkung, die in erster Linie die Verdauungsorgane stärkt.

Kürbis-Kokos-Suppe mit Spirulina

Zubereitung

Die roten Linsen waschen und abtropfen. Kürbis, Zwiebeln, Knoblauch, Paprika, Frühlingszwiebeln und Ingwer waschen, schälen, entkernen und würfeln. Kürbis und Paprika werden grober gewürfelt als Ingwer oder Knoblauch.

2 EL Öl in einem Topf erhitzen, Zwiebelwürfel darin anbraten. Anschließend die restlichen gewürfelten Zutaten zugeben, mit Curry bestäuben und weiter anbraten. Dann mit Gemüsebrühe aufgießen und ca. 10 Minuten köcheln lassen, bis die Linsen weich sind. Die Kokosmilch zugeben und erhitzen. Zum Schluss mit Salz, Spirulina-Pulver - und wer's schärfer mag mit Chili - abschmecken. Eine kleine Prise Zucker dazu. Mit einem Stabmixer zu einer seidig-glatten Suppe verarbeiten.

Die Zutaten für 4 Portionen

200 g Kürbis
200 g rote Linsen
250 ml Kokosmilch
1 Zwiebel
Knoblauch n. B.
1/2 EL Curry (scharf oder mild) n.B.
1 rote Paprikaschote
600 ml Gemüsebrühe
1 Bund Frühlingszwiebeln
1 Stück frischer Ingwer
2 EL Öl
Meersalz und ewas Zucker
1 TL Spirulinapulver

+++Gut zu wissen+++Gut zu wissen+++

Der Kürbis kann viel mehr als nur leuchten.

Mit nur 25 Kalorien pro 100 Gramm und einem Wassergehalt von 90 % sind Kürbisse kalorienarm. So schmeichelt er der schlanken Linie.

Algen-Kohl-Suppe St. Patricks

Zubereitung

Die Rotalgen fünf Minuten einweichen und in Stücke schneiden. Die Butter in einen großen Topf geben, Zwiebel, Knoblauch und Kartoffeln darin sechs Minuten leicht anbraten. Kohl und Pilze dazugeben und köcheln lassen. Nun Hühnerbrühe und die Algen dazu geben. Die Suppe 12 Minuten köcheln lassen und mit Pfeffer und Salz abschmecken, mit gehackter Petersilie und Spirulina-Pulver bestreuen und ab auf den Tisch.

Die Zutaten für 4 Portionen

25 g Butter
25 g getrocknete Rotalgen
600 g Wirsing, fein gehackt
3 große Kartoffeln, geschält und gewürfelt
150 g Champignons, in Scheiben
1 Zwiebel, fein gehackt
1 Knoblauchzehe, fein gehackt
1 Liter Hühnerbrühe
Einige Stiele Petersilie, fein gehackt
1/2 TL Spirulinapulver
2 Möhren, gewürfelt

+++Gut zu wissen+++Gut zu wissen+++

Esst Pilze und ihr lebt länger! Empfiehlt einer, der es wissen muss, Prof. J. Lelley, Professor für Pilzkunde.

Champignons sind Lieferanten der Vitamine Niacin, Riboflavin, Biotin und Vitamin D sowie des Mineralstoffs Kalium.

Mi Jok Algen-Suppe

Zubereitung

Algen zehn Minuten in heißem Wasser ziehen lassen, abspülen und ordentlich klein schneiden. Das Hackfleisch in Öl mit Chinagewürz anbraten. Durchgedrückte Knoblauchzehe, gewürfelte Möhren und den kleingeschnittenen Lauch sowie die Sojasauce und das Spirulina-Pulver zugeben. Die Algen zufügen und mit dem Wasser auffüllen. Fünf Minuten köcheln lassen – und fertig ist die Suppe.

Tipp: Wer will, kann noch chinesische Nudeln mit in die Suppe geben.

Die Zutaten für 2 Portionen

- 50 g Algen aus dem Asialaden
- 100 g Lauch
- 2 Knoblauchzehen
- 2 EL Sojasauce
- 75 g Hackfleisch
- 350 ml Wasser
- China-Gewürzmischung
- 2 EL Öl
- 1 TL Spirulinapulver
- 2 Möhren, gewürfelt

+++Gut zu wissen+++Gut zu wissen+++

Knoblauch ist eine Gewürz- und Heilpflanze aus der Familie der Zwiebelgewächse.

In der Naturheilkunde wird Knoblauch auch eine blutdrucksenkende und gefäßerweiternde Wirkung zugeschrieben.

Ingwer-Miso-Algensuppe

Zubereitung

Zunächst die Algen etwa fünf Minuten in Wasser quellen lassen.

Den Dashino-Moto in einem Liter Wasser aufkochen, etwas Sesamöl eintröpfeln und dann den Ingwer dazugeben. Als Nächstes die Algen abgießen und zu den Somen-Nudeln in den Topf geben, sodass beides circa zwei Minuten kochen kann. Währenddessen den Tofu ebenfalls in Würfel schneiden – und ab in den Topf damit.

Nun einfach die Hitze reduzieren, die Sojapaste hinzufügen und mit einer Prise Shichimi Togarashi abschmecken, das bindet die Schärfe des Ingwers wunderbar mit der Brühe.

Die Nudeln kann man auch durch eine gute Tasse fertig gekochten Reis ersetzen oder aber auch die Suppe ohne Einlage servieren.

Tipp: Die japanische Gewürzmischung Shichimi Togarashi ist eine Mischung aus Chili, Sesam, Algen, Orangenschale

Die Zutaten für 2 Portionen

3 EL Algen-Salat (Bio), zerkleinert
15 g Dashi (Dashino-Moto)
oder Thunfischflocken-Gewürzmittel
1 Liter Wasser
4 Tropfen Sesamöl
1 Handvoll Ingwer, geschält, klein gewürfelt
1/2 Bund Nudeln (Somen) oder Reis
100 g Tofu, natur
3 EL Sojapaste, helle (Shiro Miso)
1 Prise Gewürzmischung Shichimi Togarashi
1/2 TL Spirulinapulver
2 Frühlingszwiebeln, fein geschnitten

+++Gut zu wissen+++Gut zu wissen+++

Ingwer zu schälen, ist eine mühsame Angelegenheit. Die Knolle hat viele Winkel. Ein herkömmlicher Sparschäler ist wenig flexibel. Nehmen Sie einfach einen Teelöffel. Sie halten den Löffel mit Daumen und Zeigefinger fest und ziehen ihn dann vorsichtig über die Haut.

Denn wie bei einem Apfel, sitzen die vielen guten Wirkstoffe direkt unter der Haut. Das empfiehlt sich nur bei Bio-Ingwer!

Grüne Algen-Suppe

Zubereitung

Algen in heißem Wasser für zehn Minuten einweichen. In der Zwischenzeit die klein gehackte Zwiebel und den fein geschnittenen Knoblauch im Öl gut anbraten, mit Mehl anstäuben, eine helle Mehlschwitze zubereiten und zuerst mit der Hälfte vom Wasser und/oder Einweichwasser aufgießen.
Die weichen Algen klein schneiden und in die Suppe geben. Käse einrühren. Mit Wasser bis zur gewünschten Konsistenz aufgießen und alles grob pürieren. Würzen, dann zehn Minuten köcheln lassen. Croutons in einer kleinen Pfanne anrösten, den Rest des Frischkäses als Klacks in die Mitte geben und servieren.

Die Zutaten für 4 Portionen

1 Handvoll Algen
1/4 ml Wasser zum Einweichen
1 Liter Wasser
1/2 Zwiebel
1 Knoblauchzehe
2 EL Olivenöl
1 TL Spirulinapulver
1/4 Packung Frischkäse mit grünem Pfeffer
1/2 Packung Frischkäse mit Kräutern
etwas Pfeffer

+++Gut zu wissen+++Gut zu wissen+++

Wakame, auch Meerespaghetti genannt, sind besonders reich an gesunden Ballaststoffen.

Meeresalgen enthalten alle lebenswichtigen Mineralstoffe, Spurenelemente und Vitamine in sehr hoher Konzentration. Sie sind eine wichtige Quelle für Jod.

Algen-Salate

Gehen Sie mit uns auf Entdeckungsreise, in die köstliche Welt der Salate. Weit ab von der ewig gleichen Kombination aus Blattsalat, Gemüse und Dressing erleben Sie einen gesunden Hochgenuss an Variationen

Algensalat mit Ingwer

Zubereitung

Den Seetang mit heißem Wasser aufgießen und zehn Minuten ziehen lassen.

Die Soße: Alle genannten Zutaten (außer dem Seetang und der Sesamsaat) in einer kleinen Schüssel gut vermischen, bis die Soße glatt ist. Die Schärfe nach Wunsch mit dem Chilipulver bestimmen.

Den Seetang abgießen und gut auswringen. Den abgetropften Seetang jetzt einfach unter die Soße heben und Sesamsaat nach Belieben darüber streuen. Dann eine Stunde im Kühlschrank ziehen lassen.

Der Wakamesalat lässt sich auch gut in Portionen einfrieren. Man kann ihn wunderbar zu Sushi und Sashimi essen.

Die Zutaten für 4 Portionen

- 1 Tüte Wakame, getrockneter Seetang
- 3 EL Essig
- 2 EL Sesamöl
- 1 EL Zitronensaft
- 1 EL frisch geriebenen Ingwer
- 1 EL brauner Rohrzucker
- 1 Knoblauchzehe, gepresst
- 3 EL Koriandergrün, fein gehackt
- 1/2 El Chilipulver
- 1 EL Sesam

+++Gut zu wissen+++Gut zu wissen+++

Chili ist nicht nur ein Scharfmacher, sondern hält auch viele positive Eigenschaften für unseren Körper bereit.

Chilis machen glücklich! Das Capsacin bewirkt ein Brennen im Mund. Unser Körper schüttet Adrenalin und Endorphine aus. Das hebt unsere Stimmung.

Wakame-Algensalat

Zubereitung

Die getrockneten Wakame-Algen in einen Topf füllen, mit kaltem Wasser bedecken und zehn Minuten stehen lassen, bis sich die Algen mit Wasser vollgesogen haben. Dann gut abtropfen lassen und nur leicht ausdrücken.
Währenddessen das Dressing vorbereiten. Essig, Sojasauce, Zucker und Sesamöl gut vermischen, je nach gewünschtem Schärfegrad mit der Wasabi-Paste würzen. Den Sesam in eine Pfanne geben und auf mittlerer Hitze anrösten. Die Algen und das Dressing gut vermischen, dann den gerösteten Sesam untermischen. Etwa eine Stunde abgedeckt ziehen lassen, damit die Algen das Dressing etwas aufnehmen können, dann servieren. Guten Appetit!

Die Zutaten für 2 Portionen

- 1 Tüte Wakame, getrocknet (56 g)
- 5 EL Reisessig
- 5 EL Sojasoße
- 3 EL Sesamöl
- 1,5 TL Zucker
- 1/2 TL Wasabi-Paste
- 6 EL Sesam

+++Gut zu wissen+++Gut zu wissen+++

Sesam, der kleine Samen mit dem großen Nährstoffprofil:

Er enthält Kalzium, Magnesium, Eisen, Zink, Vitamin E, Vitamin A, Niacin, Vitamin B 1, Vitamin B 2, Vitamin B6, Selen, Kalium, Natrium, Phosphor und Folsäure.

Japanischer Algen-Meersalat

Zubereitung

Die Algen unter fließend-warmem Wasser abspülen. Dann getrennt voneinander für eine Stunde einweichen. Die Misobrühe mit klein geschnittenem Suppengrün und der klein geschnittenen Tomate aufkochen. Wenn das Suppengemüse gar ist zur Seite stellen.
Die Algen jeweils in ein Sieb geben und abtropfen lassen. Dann in mundgerechte Stücke schneiden.
In Sesamöl zuerst die Hikiji-Algen, danach den Meersalat ein paar Minuten anschwitzen, danach die geraspelte Möhre zufügen und mit Sake leicht ablöschen. Brühe angießen, einige Minuten dämpfen, nach und nach Ingwersirup, Reisessig, Sojasauce zufügen und dann mit Fenchelsamen, Hefeflocken, Chiliflocken und etwas Spirulinapulver abschmecken. Zum Schluss die Frühlingszwiebel und die Kräuter untermischen und mit dem Sesam bestreuen. Im Kühlschrank eine Stunde kühlen lassen.
Zum Servieren auf sehr dünn gehobelten Gurkenscheiben anrichten und nochmal mit Sesam und Kräutern bestreuen. Ein herrlich gesundes und leckeres Gericht!

Die Zutaten für 2 Portionen

1 gute Handvoll Algen (Hijiki)
1 gute Handvoll Meersalat (Ulva-Lactuka)
1 große Möhre, geraspelt
1 klein geschnittene Frühlingszwiebel
2 ½ EL Soja-Öl
2 EL Ingwersirup
2 ½ EL Reisessig
2 EL Sojasoße
200 ml Miso
1 getrocknete Tomate
Suppengrün
2 cl Sake
1 EL Sesam, geröstet, weiß und schwarz
1/2 TL gemörserter Fenchelsamen
1 TL Spirulina
1 TL Hefeflocken
1 MSP Chiliflocken
Thai- und Zitronen-Basilikum
Koriandergrün
1 kleine Salatgurke

+++Gut zu wissen+++Gut zu wissen+++

Hijiki ist eine Braunalge. Im Geschmack ist sie leicht süßlich und nussartig. Hijiki hat ein sehr bissfestes Fleisch.

Hijiki enthalten ca. 10% Eiweiß, 50% Kohlenhydrate und ungefähr 1% Fett, außerdem ist sie reich an Ballaststoffen.

Garnelen auf Algensalat

Zubereitung

Die Algen fünf Minuten lang kochen lassen. Getrennt voneinander Glasnudeln, Sojasprossen und Zuckerschote kurz blanchieren. Garnelen mit Salz im Rapsöl leicht glasig anbraten. Tomate vierteln.

Das Dressing aus den angegebenen Zutaten mischen. Ziehen lassen. Bon Appetit!

Die Zutaten für 6 Portionen

300 g Algen (Salicornes)
300 g Sojasprossen
1 Paket Glasnudeln
6 Zuckerschoten
1 Tomate

Für das Dressing

6 EL Reisessig
6 EL Sesamöl
2 kleine Stücke Ingwerwurzel, fein gehackt
2 Knoblauchzehen, durchgepresst
2½ EL Chilisauce
2 EL Zucker
3½ EL Kürbiskernöl
1 MSP Chilipulver
1 TL Spirulinapulver

Für die Garnelen

500 g tiefgekühlte Garnelen
etwas Raps- und Sesamöl

+++Gut zu wissen+++Gut zu wissen+++

Als Zucker- bzw. Kaiserschoten bezeichnet man die zarten, frischen, noch unreifen Erbsen.

Wegen ihres hohen Protein-Anteils sagt man Zuckerschoten einen positiven Effekt auf die Nerven nach. Außerdem soll ihr Verzehr den Cholesterinspiegel senken.

Wakame-Algensalat mit Pilzen und Chili

Zubereitung

Die Wakame-Algen mit kochendem Wasser übergießen. Nach zehn Minuten in ein Sieb abgießen und mit Wasser abspülen. Danach in feine Streifen schneiden. Die Mu-Err-Pilze für insgesamt 20 Minuten einweichen, dann weiter verfahren wie mit den Wakame. Das Einweichwasser der Pilze aufbewahren.

In der Zwischenzeit die Chili in sehr feine Streifen schneiden, den Knoblauch und den Ingwer fein hacken. Den Sesam in eine Pfanne geben und kurz anrösten. 1 EL von dem Pilzwasser hinzufügen, dann Balsamico, die Chilistreifen und den Honig hineingeben. Die Algen hinzufügen und ganz kurz aufkochen.

In eine Schüssel geben und mit den fein geschnittenen Pilzen vermengen. Bitte nochmals mit Balsamico und Pfeffer abschmecken. Wer es mag: Den Salat für 20 Minuten abkühlen und durchziehen lassen, aber er schmeckt auch warm sehr gut.

Die Zutaten für 1 Portion

10 g Wakame, getrocknet
4 g Mu-Err-Pize , getrocknet
kochendes Wasser, zum Einweichen
15 g Sesam
4 EL Balsamico bianco oder Sushi-Essig
3 EL Honig
1 mittelgroße und mittelscharfe Chilischote
2 Stücke Ingwer (ca. 5 g)
1 Knoblauchzehe

+++Gut zu wissen+++Gut zu wissen+++

Der Vitalpilz Judasohr oder Mu Err weist einen für Pilze sehr hohen Anteil von pflanzlichem Eiweiß auf – sage und schreibe 14,4 Prozent.

Die Heilkräfte dieses Vitalpilzes sind sehr umfassend – er gilt als immunisierend, stärkend, kräftigend.

Spirulina-Garnelen-Cocktail

Zubereitung

Eine Orange halbieren und mit einem Löffel das Fruchtfleisch herausnehmen, den Saft dabei auffangen.
Die andere Orangenhälfte ebenfalls auspressen. Fruchtfleisch, Orangen- und Zitronensaft mit dem Frischkäse und Öl mischen. Fein geriebenen Ingwer und die entkernte, klein gewürfelte Peperoni zugeben. Mit Salz und Pfeffer abschmecken.

Avocado längs halbieren, den Stein entfernen. Etwas Fruchtfleisch mit einem Löffel herauslösen und gleich in den Frischkäse geben, damit es nicht braun wird.

Die Avocadohälften mit dem zubereiteten Frischkäse füllen und die Garnelen mit ein paar Blättern Petersilie darauf dekorieren.
Alles durchziehen lassen. Bitte schön....!

Die Zutaten für 2 Portionen

1 ½ Orangen
5 EL Zitronensaft
2 EL Frischkäse
1 EL Leinsamöl
2 cm Stück Ingwer
1 Peperoni
Salz und Pfeffer
1 reife Avocado
100 g Garnelen
1 TL Spirulinapulver

+++Gut zu wissen+++Gut zu wissen+++

Der Avocado wird nachgesagt, eine fette Kalorienbombe zu sein. Dabei sind ihre Fette ziemlich gesund. Denn es sind reichlich ungesättigte Fettsäuren dabei.

Auch enthält sie die Vitamine A und E, unterstützt die Blutbildung, lässt unsere Haut strahlen und stärkt unsere Augen.

Wakame-Salat mit Orangen und Sesam

Zubereitung

Seetang mit heißem Wasser aufgießen und zehn Minuten ziehen lassen. Orangen schälen, spalten und ebenso wie die Chilischote in dünne Scheiben schneiden.

Für die Soße:
Apfelessig, Sesamöl, Limettensaft, Ingwer, Zucker und Knoblauch in einer kleinen Schüssel glatt vermischen.

Den Seetang abgießen und ein wenig auswringen. Den abgetropften Seetang in Streifen schneiden und in eine große Schüssel geben. Die Soße hinzufügen und alles gut vermischen.

Den Salat auf vier Teller verteilen und kleine Nester formen. Orangen und die Chilischotenscheiben auflegen und den Sesam darüber streuen.

Für eine gute Stunde im Kühlschrank durchziehen lassen. Wohl bekomm's!

Die Zutaten für 4 Portionen

1 Tüte Wakame (Tüte mit 56 g)
2 Orangen
1 Chilischote
3 EL Apfelessig
3 EL Sesamöl
1 EL Limettensaft
1 EL frisch geriebener Ingwer
1 EL Rohrzucker
1 gepresste Knoblauchzehe
1 EL Sesam

+++Gut zu wissen+++Gut zu wissen+++

Wussten sie, dass die Orange aus einer Kreuzung aus Mandarine und Pampelmuse entstanden ist?!

Orangen enthalten viel Kalzium. Das kann unsere Knochen stärken und vor Osteoporose schützen. Darüber hinaus hält dieser Vitalstoff unsere Zähne gesund.

Indonesischer Salat mit Chlorella-Pulver

Zubereitung

Salat putzen, waschen, trocken schleudern und klein zupfen.

Weißkohl waschen, putzen und in dünne Streifen schneiden. Die Bohnen waschen und zwei Minuten kochen, danach abkühlen lassen. Gurke schälen, Tomaten waschen und beides in Scheiben schneiden. Die Sprossen waschen und abtropfen lassen. Den Tofu goldbraun anbraten.

Frühlingszwiebeln und Knoblauch schälen und fein hacken. Mit Erdnusscreme, Kokosmilch und Chlorellapulver verrühren. Mit Zucker, Sojasauce, Zitronensaft und Sambal oelek würzen und abschmecken, danach den Joghurt unterrühren. Eier pellen und vierteln.
Das Bananenblatt in vier große Streifen schneiden und auf die Teller legen. Die verschiedenen Gemüsesorten, Tofu und die Krabbenchips dekorativ darauf anrichten und mit den Eiervierteln garnieren.

Servieren Sie die Erdnuss-Sauce in einem Extra-Schälchen.

Die Zutaten für 4 Portionen

200 g Weißkohl
1 Bananenblatt
1 Salatgurke
150 g Mungobohnensprossen
4 Cherrytomaten
100 g Tofu
200 g grüne Bohnen
2 Frühlingszwiebeln
1 Knoblauchzehe
50 ml Kokosmilch, ungesüßt
11 TL Rohrzucker
12 EL Sojasoße
1 EL Zitronensaft
1/2 TL Sambal oelek
150 g Joghurt
2 hart gekochte Eier
50 g Krabbenchips (Krupuk)
1 TL Chlorellapulver

+++Gut zu wissen+++Gut zu wissen+++

Mungobohnensprossen sind gesunde Kraftpakete aus der Natur.

Zu ihren wertvollen Inhaltsstoffen zählen neben den wichtigsten Vitaminen die Mineralstoffe Eisen, Fluor, Kalzium, Kalium, Magnesium, Mangan, Natrium und Zink.

Hauptgerichte

Die folgenden Rezepte zeigen,
wie Sie leicht und gesund
genießen können, ohne auf exquisite
Geschmackserlebnisse zu verzichten

Spaghetti mit Möhren, Zwiebeln und Algen

Zubereitung

Die sehr salzigen Dulse-Algen (Palmaria palmata) und den Meersalat (Ulva lactuca) eine Stunde sehr ausgiebig wässern. Dabei bitte das Wasser mehrfach wechseln.

500 Gramm Spaghetti separat al dente kochen. Die Möhren und die Zucchini mit dem Gemüseschneider in lange Spaghetti schneiden. Die Frühlingszwiebel fein würfeln und mit dem Knoblauch in Ölivenöl kurz anrösten. Zucker hinzugeben und kurz karamellisieren lassen. Dann die Möhrenspagetti hinzufügen und drei Minuten dünsten. Die gut abgetropften Algen und ein EL Tomatenmark zufügen und alles kurz erhitzen. In einer großen Schüssel die Spagetti und die Algen-Möhrenmischung vermengen. Olivenöl und den schwarzen Sesam hinzufügen. Es darf geschlemmt werden...

Die Zutaten für 4 Portionen

- 150 g frische Dulse-Algen
- 150 g frische Meersalat-Algen
- 500 g Spaghetti
- 250 g Möhren
- 1 Frühlingszwiebel
- 2 gepresste Knoblauchzehen
- 1 EL Olivenöl
- 1 TL Zucker
- 1 EL Olivenöl
- 1 TL schwarzer Sesam
- 1 EL Olivenöl
- 1 Zucchini
- 1 TL Spirulinapulver

+++Gut zu wissen+++Gut zu wissen+++

Schwarzer Sesam gilt in der Traditionellen Chinesischen Medizin als sehr wertvoll.

Schwarzer Sesam ist wegen des hohen Gehaltes an hochwertigem Eiweiß wichtig für Jugendliche, Sportler, Vegetarier und für Menschen in den Wechseljahren.

Warmer Kartoffelsalat mit Fischfilet und Algen

Zubereitung

Die getrockneten Wakame-Algen aus dem Asia Laden mit der klein geschnittenen Zwiebel für circa 15 Minuten in zwei kleinen Tassen Wasser einweichen lassen. Die Kartoffeln schälen, in Würfel schneiden und 15 Minuten garen, abgießen und etwas abkühlen lassen. Die Gurke schälen, in Scheiben schneiden. Radieschen putzen und schneiden.

Aus Essig, Öl, Salz, Pfeffer, Spirulina-Pulver und dem Sud der Zwiebel-Wakame-Algen die Salatsoße herstellen und über die Kartoffeln geben. Den Sud vorsichtig dosieren, lieber noch einmal nachgießen. Ebenso die gegarten Zwiebeln mit den Algen hinzufügen. Zum Schluss noch die Gurkenscheiben und Radieschen unterheben.

Den Fisch in gewürzten Semmelbrösel wenden und in Öl von beiden Seiten wunderbar angrillen.

Die Zutaten für 2 Portionen

- 400 g Kartoffeln
- 1 Zwiebel
- 1 Salatgurke
- 5 g getrocknete Wakame Algen
- 2 EL Apfelessig
- 2 EL Öl
- 2 frische Fischfilets
- 2 EL Semmelbrösel
- 2 EL Öl, zum Braten
- 2 Tassen Wasser
- Salz und Pfeffer
- 1 TL Spirulinapulver
- 2 Radieschen

+++Gut zu wissen+++Gut zu wissen+++

Kartoffeln enthalten eine Menge Kohlenhydrate, wenig Vitalstoffe und machen dick. - Genau das denken leider viele Menschen über die Erdfrüchte.

Aber weit gefehlt, denn direkt unter der Schale sind besonders viele Nährstoffe konzentriert, so z.B. Vitamin B1, B2 und C.

Thunfisch Royal an Austernsauce auf Algen

Zubereitung

Für die Marinade Mirin, Sojasauce, Sesamöl, Austernsauce, Aceto balsamico und Olivenöl verrühren.
Den Thunfisch in ungefähr zwei Zentimeter große Würfel schneiden und auf vier Holzspieße stecken. Die Spieße zwei drei Stunden gut marinieren lassen.

Algen in einer Pfanne mit heißem Öl drei bis vier Minuten anbraten, salzen und pfeffern, etwas Spirulina-Pulver dazu und auf eine Platte geben. Mit der Marinade übergießen.
Spieße in heißem Öl insgesamt zwei bis drei Minuten anbraten, im Sesam wälzen und auf die Algen legen. Ein wahres Power-Gericht!

Die Zutaten für 4 Portionen

350 g Thunfisch, Sushi-Qualität
3 EL trocken gerösteter Sesam
1 MSP Spirulinapulver
Salz und Pfeffer
Öl

Für die Marinade

1 EL Mirin
1 EL Sojasauce
1/2 TL Sesamöl
1/2 TL Austernsauce
2 EL Aceto Balsamico
3 EL Olivenöl
4 Holzspieße

+++Gut zu wissen+++Gut zu wissen+++

Frischer Thunfisch enthält echte Premiumfette

Er enthält die für unseren Körper lebensnotwendigen Omega-3-Fettsäuren.
Diese können u.a. positiven Einfluss auf die Blutfette nehmen und außerdem die Fettverbrennung ankurbeln.

Italienische Pasta mit Spirulina-Pesto

Zubereitung

Die Pasta bissfest garen. Den Parmesan reiben und in einem Schälchen zur Seite stellen. Basilikum und Petersilie waschen, trocken schütteln, klein schneiden. Knoblauchzehen ebenfalls fein hacken. Pinienkerne in einer Pfanne mit etwas Öl goldgelb anbraten. Basilikum, Petersilie und Knoblauch in einem Mörser zerkleinern und das warme Wasser hinzufügen. Nach und nach Öl angießen, unter ständigem Rühren das Spirulinapulver beimischen, mit Salz und Pfeffer abschmecken. Nudeln und Pesto gut vermischen. Als Deko ein paar Pinienkerne über das Gericht streuen, ein Basilikumblatt auflegen und servieren. "Buon Appetito"

Die Zutaten für 4 Portionen

500 g Pasta

Für die Marinade

2 Knoblauchzehen
4 Bund Basilikum
1 Bund Petersilie
1 EL warmes Wasser
100 g Pinienkerne
120 g Parmesan
200 ml Bio-Olivenöl
1 EL Spirulinapulver
Meersalz nach Belieben
frisch gemahlener Pfeffer nach Belieben

+++Gut zu wissen+++Gut zu wissen+++

Nudeln machen dick – eher sind die Beilagen wie Bolognese, Sahnesaucen und Co. die Missetäter.

Denn Nudeln enthalten nahezu kein Fett, dafür aber reichlich pflanzliches Eiweiß, B-Vitamine, Vitamin E, Kalium, Magnesium und Eisen. Besonders Vollkornnudeln liefern Spitzenwerte.

Kabeljau auf Algen und Kartoffeln

Zubereitung

Nori-Algen circa 15 Minuten wässern und dann durch ein Sieb abgießen. Algen etwas ausdrücken und noch einmal etwa 15 Minuten in frischem Wasser einweichen. Algen durch ein Sieb abgießen, abtropfen lassen und zusätzlich mit Küchenkrepp trocken tupfen. Mit dem Messer in Streifen schneiden.
Beim Salzen der Nori-Algen bitte Acht geben. Diese Alge hat schon eine sehr hohe salzige Note.
Kartoffeln schälen, würfeln und kochen.
Die frischen Kabeljaufilets der Länge nach schneiden, abspülen und mit Küchenpapier trocken tupfen. Mit Salz und Pfeffer würzen.

Öl und Butter in einer Pfanne erhitzen, Lauch, Paprika und Kartoffelwürfel ca. fünf Minuten bei mittlerer Hitze darin anbraten. Nori-Algen und Wakame-Salat hinzufügen und etwa zehn Minuten braten, dabei hin und wieder wenden. Olivenöl in einer beschichteten Pfanne erhitzen. Fischfilets darin von jeder Seite drei bis vier Minuten goldbraun braten.

Mit etwas Fleur de Sel und Spirulinapulver bestreuen. Fertig und sooo lecker!!!

Die Zutaten für 2 Portionen

- 2 frische Kabeljaufilets
- 40 Nori-Algen
- 40 g Wakame-Algensalat
- 1 Paprika, würfeln
- 40 g Lauch, in Streifen geschnitten
- 2 große Kartoffeln
- 2 EL Olivenöl
- 1 TL Butter
- Meersalz und frisch gemahlener Pfeffer
- 1 Prise Spirulinapulver

+++Gut zu wissen+++Gut zu wissen+++

Nori-Algen sind Rotalgen und gehören in Japan zu den wichtigsten Algen.

Der Vitamin-A-Anteil (Beta Carotin) ist bei der Nori-Alge sehr hoch! Das gilt auch für den Anteil von Vitamin K, Vitamin B12 und Folsäure.

Algen
Smoothies
Starten Sie mit einem gesunden,
nahrhaften und krafvollen
Frühstück in den Tag

DPH® Rezepte für Smoothies mit Spirulina

Smoothies zubereiten ist nun wirklich kein Hexenwerk. Im Gegenteil! Es ist mit einem guten Mixer ein Kinderspiel und macht – weil man selbst sofort kreativ werden kann – richtig Spaß. Anders als bei einschlägigen Diäten braucht man für die Zubereitung eines grünen Smoothies keine Massen exotischer, schwer erhältlicher Zutaten. Alles was man benötigt, bekommt man in jedem gut sortierten Supermarkt. Denn: Einfach geht auch – und erst, wenn man sich länger mit dem Thema beschäftigt und beispielsweise auch Wildkräuter zum Einsatz kommen, muss man neue Bezugsquellen ausfindig machen.

Wichtig ist: Am besten ab sofort nur noch naturbelassenes Bio-Obst und -Gemüse kaufen, da man für die Smoothies ja auch die Randschichten, Schalen, das Blattgrün mancher Gemüse und sogar die Kerngehäuse und Stiele mitverwendet. Das kann etwas teurer werden, aber die Investition lohnt sich wirklich, denn so vermeidet man Pestizide.
Sie werden sehen, dass die Mengenangaben bei den Rezepten recht 'frei' gehalten sind. Keine total strengen Vorgaben, eher Anweisungen im Jamie-Oliver-Stil: eine Handvoll, eine Tasse, eine Prise. Ausprobieren, schmecken und mit dem kerngesunden, proteinreichen Naturprodukt Spirulinapulver versehen und verfeinern. Das macht viel mehr Spaß als 08/15-Küche. Da die Zubereitung immer gleich ist, habe wir das ein paar Mal beschrieben und uns dann permanente Wiederholungen gespart.

Die Rezepturen sind ausgelegt für zwei Personen oder ungefähr einen Liter. Da man die Smoothies gut zwei bis drei Tage im Kühlschrank aufbewahren kann, ohne dass die Nährstoffe an Wirkung verlieren, kann man etwas auf Vorrat arbeiten.

Eine Session in der Küche – und dabei fällt so gut wie kein Abfall an – dauert ungefähr eine viertel bis maximal eine halbe Stunde, inklusive Reinigung der Gerätschaften, die man nach dem Einsatz einfach unter laufendem Wasser abspült und zum Trocknen auf ein Handtuch legt.

Manche raten dazu das Obst und Gemüse in zwei Schritten zu zerkleinern. Besonders in US-amerikanischen Smoothie-Ratgebern findet man oft den Hinweis, man solle Eiswürfel hinzufügen – solange das Eis aus frischem Wasser hergestellt wird, ist das gesundheitlich unbedenklich und kann vor allem bei heißen Temperaturen sehr erfrischend sein. Also jeder nach seinem Geschmack. Ayurvedisch gesehen ist das allerdings undenkbar und lauwarmes Wasser wesentlich besser!

Schon nach wenigen Tagen, nachdem man die anfängliche Scheu abgelegt hat, beginnt man, eigene Rezepte zu entwickeln und vorhandene Rezepturen zu variieren. Niemand weiß besser, was einem schmeckt als man selbst. Deswegen haben Sie ruhig etwas Mut zur Variation und viel Spaß bei der Zubereitung der nun folgenden Dr. Peter Hartig Algen-Smoothie-Rezepte.

Ihre Vitalität und Ihr Wohlbefinden werden Ihnen dankbar sein!

Power-Spirulina Smoothie

Bevor man ins Fitnessstudio geht oder durch den Wald joggt, braucht der Mensch eine ordentliche Stärkung: Proteine, gute Fette und vollwertige Kohlenhydrate. Dieser Smoothie gibt nicht nur Kraft, sondern zügelt auch den Appetit.

Zubereitung

Blattgrün zuerst in den Mixer. Die Banane in Stücke brechen und dazugeben. Maracuja vierteln. Haferflocken, Zimt und Kokosnussöl dazugeben und mit der Mandelmilch auffüllen. Alles 30 Sekunden durchmixen. Wer seinen Smoothie gern kalt trinkt, bitte eine Frucht vorher ins Gefrierfach geben.

Die Zutaten

- 1 Handvoll Mangold
- 1 Handvoll Babyspinat
- 1 Handvoll Haferflocken
- 1 Banane
- 1 Maracuja
- 1 Teelöffel Zimt
- eine Tasse ungesüßte Mandelmilch
- 1 Esslöffel Kokosnussöl
- 1 Teelöffel Spirulina-Pulver

+++Gut zu wissen+++Gut zu wissen+++

Bei der Maracuja, auch Passionsfrucht genannt, geht es um die inneren Werte.

Die Passionsfrucht gehört zu den Obstsorten mit den höchsten Anteilen an Magnesium und Phosphor. Beides kann gut für unsere Knochen sein und kommt in großen Mengen in der Frucht vor.

Frische-Kick Smoothie

Grün soll er sein, aber nicht zu arg nach Pflanzen und Gemüse schmecken.
Darum favorisieren wir hier den nicht besonders dominanten Romanasalat als Grundzutat für Ihren Frühstücks-Smoothie. Ganz wichtig: Minze für den Frische-Effekt!

Zubereitung

Romanaherzen zupfen und in den Mixer. Halbe Gurke und Weintrauben dazugeben. Birne und Kiwi grob zerschneiden, nochmals kurz mixen. Dann Minze, Spirulinapulver und Leinsamen hinzufügen.
Mit kaltem Wasser auffüllen und dann wieder 30 Sekunden ihren Mixer anwerfen.

Die Zutaten

- 2 Herzen vom Romana-Salat
- ½ Gurke
- 1 Birne
- 1 Handvoll Weintrauben
- 1 Kiwi
- frische Minze
- 1 TL Leinsamen
- 1 TL Spirulinapulver

+++Gut zu wissen+++Gut zu wissen+++

Leinsamen liefern ein komplexes Vitamin- und Nährstoffprofil, von dem unser Körper profitiert.

Durch ihren hohen Ballaststoffanteil lösen sie ohne Gewöhnungseffekt eine abführende Wirkung aus. Sie befreien den Körper von Giftstoffen und schützen dabei die Darmschleimhaut.

Mango trifft Melone

Die Honigmelone ist ein erfrischender Snack, der Energie und Vitamine liefert. Und auch als Smoothie-Beimischung tut die geeiste Melone wunderbare Dienste. Sie süßt das Getränk und liefert zudem eine ordentliche Dosis Vitamin A und C. Mangos geben dem Smoothie eine seidige Textur und liefern zusätzliches Vitamin A. In Kombination mit dem Spinat, der Eisen, Vitamine und Mineralien transportiert, hat man hier einen erfrischenden, gesunden Sommer-Smoothie.

Zubereitung

Alles in den Mixer, zuerst den Spinat, dann Mango und die geeiste Melone, Kokosflocken, Spirulina und Basilikum, mit kaltem Wasser auffüllen und nach 30 Sekunden kann man einen super erfrischenden Smoothie genießen!

Die Zutaten

2 Handvoll Spinat
1 in Scheiben geschnittene reife Mango
1 geeiste Honigmelone
1/2 Tasse Kokosflocken
1 Blatt Basilikum
1 TL Spirulina-Pulver

+++Gut zu wissen+++Gut zu wissen+++

Die Mango ist für ihre ausgezeichnete Wirkung auf den menschlichen Körper bekannt. Sie stärkt das Immunsystem, fördert den Gewichtsverlust und verzögert die sichtbaren Zeichen des Alterns.

Die frische Mango kann für Gesichtsmasken oder Peeling der Haut verwendet werden. Die Inhaltsstoffe der Mango empfehlen sich besonders bei sehr empfindlicher Haut.

Der Einfache mit Wakame

Nachher weiß man es immer besser. Als die Smoothie-Erfinderin Obst und Gemüse in einem Verhältnis von 50:50 mischte und pürierte, wusste sie nicht, was passieren würde. Sie wusste nur: Green ist die Lösung.

Zubereitung

Wakame-Algen über Nacht wässern und danach grob zerkleinern. Dann die restlichen Zutaten mit den zerkleinerten Algen in den Mixer geben und alles glatt pürieren.

Die Zutaten

2 Handvoll Babyspinat oder ¼ Kopfsalat
1 süßer Apfel mit Kerngehäuse
1 Banane
½ Avocado
Saft einer Zitrone
10 g getrocknete Wakame-Algen
Ahornsirup n. B.
ein TL Zimt
Ahornsirup n. B.
ein TL Spirulinapulver
Ahornsirup n. B.
Wasser nach Bedarf

+++Gut zu wissen+++Gut zu wissen+++

Man sagt: Die Smoothie-Erfinderin hat mit Zutaten angefangen, die sie in ihrem Kühlschrank vorfand und dann spontan in den Mixer packte. Sie wollte, dass ihre Familie mehr Pflanzengrün auf dem Speiseplan hat. Püriert, getestet und der Siegeszug der Smoothies nahm seinen Lauf.

Nicht in jedem Kühlschrank zu finden – getrocknete Wakame-Algen. Das sollte man ändern...

Beeren-stark mit Spirulina-Turbo

Gesund und extrem lecker. Das Wirkstoffprofil dieses Smoothies ist ebenso beeindruckend wie sein Geschmack. Als Power-Frühstück zu empfehlen.

Zubereitung

Beeren auftauen und im Mixer pürieren. Die restlichen Zutaten hinzufügen und alles erneut pürieren, bis der Smoothie samtig rot glänzt.

Die Zutaten

1 Paket TK Beeren (Brombeeren, Himbeeren, Johannisbeeren
2 Handvoll Rucola
1 Banane
Saft einer 1/2 Zitrone
3 TL Spirulinapulver
Wasser nach Bedarf

+++Gut zu wissen+++Gut zu wissen+++

Beeren sind gesund. In 100 Gramm schwarzen Johannisbeeren sind ca. 180 Milligramm Vitamin C enthalten. In der gleichen Menge Orange, bekannt als Vitamin-C-Bombe, sind nur 50 Milligramm.

Des Weiteren beinhalten die Johannisbeeren sekundäre Pflanzenstoffe, denen man eine antioxidative Wirkung nachsagt. Weitere Inhaltsstoffe: Kalzium, Magnesium, Vitamin E und Ballaststoffe, die die Verdauung ankurbeln. Und von den anderen Beeren in diesem beerenstarken Smoothie haben wir noch gar nicht gesprochen... In Kombination mit dem Algenpulver ein echter Energiebooster!

Ananas, Minze, Algen und Kohl Combo

Kohl ist nicht jedermanns Sache. Dafür kriegt man von Green Smoothie-Anfängern oft die rote Karte gezeigt. Verständlich: Kohl hat meist ein starkes, lang anhaltendes Aroma, aber in dieser gesunden Kombination mit viel Ananas und erfrischender Minze behält die Süße die Oberhand und der Kohlgeschmack dringt nicht so dominant durch

Zubereitung

Alle Zutaten in den Mixer, mit Wasser und Kokosmilch aufgießen und 30 Sekunden pürieren.

Die Zutaten

- mehrere Blätter Kohl in Streifen schneiden (Chinakohl, Grünkohl...)
- ½ Ananas, gewürfelt
- frische Minze
- 1 EL Kokosnussflocken
- 1 TL Honig
- 1 TL Spirulinapulver
- Saft einer Zitrone oder Limone
- 1/4 Kokosmilch

+++Gut zu wissen+++Gut zu wissen+++

Die Kokosnuss liefert mit Ihrem, duftenden Fleisch 17 Prozent des Tagesbedarfs an Kupfer. Dieses Spurenelement ist für die Anregung von Enzymen zuständig, die dann die Bildung von Neurotransmittern einleiten. Diese übertragen Informationen von einer Zelle zur nächsten.

Mit dem Verzehr von Kokosnussfleisch oder Milch können Sie Ihrer Gesundheit auf die Sprünge helfen.

Grüne Algen-Kraft

Was mussten Mütter nicht alles anstellen, damit die Kinder Spinat aßen? In seiner Urform wurde das Gemüse kaum akzeptiert. Aber in pürierter Form ging's dann schon. Und das ist auch der Vorteil dieses Kraft-Smoothies. Babyspinat steckt voller Vitamine und enthält auch kräftigendes Eisen. In Verbindung mit dem süßen Obst wird der etwas bittere Geschmack so weit gesoftet, dass auch ihre Kinder diesen Smoothie lieben.

Zubereitung

Wie üblich alles in gezupfter oder grob geschnittener Form in den Mixer geben und 30 Sekunden durchmixen. Je nach Wassermenge wird daraus eine herrlich erfrischende Suppe oder eben auch ein sämiger Smoothie.

Die Zutaten

- 2 Handvoll Blattspinat
- 1 Banane
- 2 süße Äpfel
- 2 Blätter vom Kohlrabi
- Blattgrün einer Möhre
- 1 Stange Staudensellerie
- ein Schuss Honig
- 1 TL Spirulinapulver

+++Gut zu wissen+++Gut zu wissen+++

Wer kennt dieses Sprichwort nicht –
„An apple a day keeps the doctor away".
Oder auf Deutsch: „Ein Apfel am Tag erspart den Doktor".

Der Apfel enthält jede Menge Vitamine und Spurenelemente, die die körpereigene Abwehr stärken und die Herzgesundheit fördern können. Übrigens, die wertvolle Stoffe sitzen direkt unter der Schale. Daher lieber Bioware und ungeschält essen.

Der grüne Hautputz von innen

Antioxidantien sind das beste Reparaturkommando für die Haut. Und das in Ananas reichlich enthaltene Vitamin C ist der Chef unter den Antioxidantien. In Zusammenarbeit mit den hautfreundlichen Inhaltsstoffen der Avocado (Vitamin E, Vitamin A und Zink) ist dieser grüne Smoothie bestens für eine Hautreinigung von innen geeignet.

Zubereitung

Wie immer: Alle Zutaten grob schneiden oder zerzupfen, in den Mixer geben und glatt pürieren.

Die Zutaten

3 Handvoll Babyspinat
1 geeiste Ananas
1 in Würfel geschnittene Avocado
frische Minze nach Gefühl
1 TL Spirulinapulver
1 Tasse Kokosnuss-Wasser
Saft einer Limette

+++Gut zu wissen+++Gut zu wissen+++

Die Limette, grün und etwas sauer, ist eine überaus vielseitige Gesellin.

Sie enthält Kalium, Calcium und Phosphor und hat 39 Kalorien je 100 Gramm. Sie bringt es auf 44 mg Vitamin C. Sie kann die Verdauung anregen, das Herz kräftigen und die Abwehrkräfte stärken. Äußerlich kann der Saft z. B. bei unreiner Haut helfen. Einfach mit Limetten-Saft betupfen.

Vitamin Pur

Wer eine herzerfrischende Mischung will, liegt mit Vitamin Pur genau richtig. Der hohe Vitamin C-Gehalt der Orange ist nicht nur gut fürs Herz, sondern Orange und Mango sind auch perfekte Durstlöscher. Romana- und Kopfsalat sorgen für Pflanzengrün, ohne den Geschmack dominieren zu wollen.

Zubereitung

Zesten von der Orange abnehmen. Orange schälen und in grobe Stücke schneiden. Geeiste Mango in Scheiben schneiden. Basilikum in Streifen schneiden. Salat zerzupfen. Alles zusammen in den Mixer und 30 Sekunden pürieren.

Die Zutaten

¼ Romana oder Kopfsalat
1 geschälte Orange
Zesten von der Orange
½ geeiste, in Scheiben geschnittene Mango
eine ½ Tasse Haferflocken
2 Blätter Basilikum
1 TL Spirulinapulver

+++Gut zu wissen+++Gut zu wissen+++

Haferflocken sind sehr gesund und sollten auf keinem Ernährungsplan fehlen. Sie sind ein hervorragender Nährstofflieferant, daher sind schon kleinere Mengen ausreichend.

Das in den Haferflocken enthaltene Beta-Glucan hilft, den Cholesterinspiegel zu senken.

Cranberry-Chlorella-Kraft

Cranberries wird eine antioxidative Wirkung nachgesagt. Ihre Wirkstoffe sollen einen besonders positiven Effekt auf die Prostata haben. Im Zusammenspiel mit Orange und Banane ist dieser Smoothie ein Paradebeispiel für natürliche und gesunde Energiezufuhr.

Zubereitung

Kohl in Streifen schneiden. Eine Tasse Cranberries in den Mixer geben. Zesten von der Orange nehmen. Orange schälen und grob zerteilen. Mit den restlichen Zutaten 30 Sekunden auf höchster Stufe mixen.

Die Zutaten

- 4 Blätter Kohl
- 1 Tasse Cranberries
- 2 Orangen, geschält
- Orangenzesten
- 2 Bananen
- ein Schuss Honig
- 1/2 TL Chlorellapulver

+++Gut zu wissen+++Gut zu wissen+++

Cranberry-Saft und -Früchte enthalten Vitamin C, das Provitamin A und reichlich Natrium und Kalium.

Berühmt geworden sind Cranberries bei uns aber vor allem als pflanzliches Mittel bei Harnwegs- und Blaseninfekten.

Der Feiertag für Ihren Körper

Die Melone liefert reichlich Vitamin A und C sowie Vitamin K und B. Blaubeeren sind die Früchte mit dem höchsten Gehalt an Antioxidantien, liefern zudem Vitamin C und Ballaststoffe. Minze beruhigt den Magen und stimuliert die Fettverbrennung. Alles zusammen ein echter Feiertag für den Körper.

Zubereitung

Mixer go: Alle Zutaten – zerzupft, entkernt, gehackt oder in großen Stücken – in den Mixer und 30 Sekunden pürieren.

Die Zutaten

2 Handvoll frischer Spinat
4 Stängel frische Minze
Zuckermelone
1 süßer Apfel
Saft einer Limone
½ TL Spirulinapulver
½ Tasse Blaubeeren

+++Gut zu wissen+++Gut zu wissen+++

Heidelbeeren sind normalerweise von Juli bis September erhältlich. Werden die Heidelbeeren roh gegessen, bieten sie den besten Geschmack und die größten ernährungsphysiologischen Vorteile. Die heilenden Kraftpakete kann man aber auch gut einfrieren.

Wer den ganzen Tag vor dem Computer-Bildschirm sitzt, kann seine Augen durch den Genuss von Heidelbeeren schützen.

Spirulina Feuerwerk

Die Blätter vom Löwenzahn verwendete man früher gerne auch als delikaten Salat. Schafgarbenblätter gelten als blutreinigend, beruhigend und krampflösend. Und Spitzwegerich ist reizmildernd, entzündungshemmend und antibakteriell. Dieser Smoothie ist was für wirklich Gesundheitsbewusste und Fortgeschrittene in Sachen Wohlbefinden.

Zubereitung

Alles grob schneiden. Um die Bitterstoffe etwas abzumildern eine Extraportion Honig oder Agavendicksaft in den Mixer geben und los geht's.

Die Zutaten

- Ananas
- Avocado
- Saft einer Zitrone
- 2 EL Honig oder Agavendicksaft
- 1 kleine Handvoll Spitzwegerich
- 1 kleine Handvoll Schafgarbenblätter
- 8 Blätter Löwenzahn
- 3 Blätter Kohl in Streifen schneiden (Chinakohl, Grünkohl)
- 1 TL Spirulina-Pulver
- frische Minze n.B.

+++Gut zu wissen+++Gut zu wissen+++

Die Ananas ist eine Powerfrucht, ein wahrer Helfer aus der Natur. Sie enthält jede Menge A-, B- und C-Vitamine. Besonders geschätzt wird jedoch der hohe Anteil an Enzymen.

Püriertes Fruchtfleisch auf der Haut wirkt wie ein sanftes Peeling – ohne Rubbeln

Der "Sooo gesund!" – Smoothie

Mit jedem Schluck gesünder – mit diesen Gedanken darf man diesen Smoothie genießen. Denn allein die Minze besitzt ungeheuer viele positive Eigenschaften. Sie regt die Verdauung an und stimuliert die Fettverbrennung. Dieser Smoothie ist so unendlich gesund!

Zubereitung

Zerkleinern, entsteinen, schälen – alle Zutaten in den Mixer geben und glatt pürieren.

Die Zutaten

- 2 Tassen ungesüßte Kokosmilch
- 4 Blätter frischen Spinat
- ½ Bund frische Minze
- 2 Bananen
- 4 entsteinte Datteln
- 1 TL Vanillepulver
- 1 TL Spirulinapulver
- 1 Apfel
- Honig oder Agavendicksaft nach Belieben

+++Gut zu wissen+++Gut zu wissen+++

Popeye hatte Recht: Spinat macht stark. Allerdings nicht aus der Dose – Spinat sollte nach Möglichkeit frisch verzehrt werden.

Der hohe Nitratgehalt im Spinat ist sehr wichtig. Dieser nährt die Mitochondrien in den Muskelzellen. Mitochondrien sind die Kraftwerke der Zellen.

Banana-Spirulina for kids

Wer's süß mag, der wird diesen Shake lieben. Die vier Bananen sorgen dafür, dass man das gesunde Grünzeug nicht so stark durchschmeckt. Das akzeptieren auch ihre Kinder zum Frühstück oder gar als Pausendrink.

Zubereitung

Bananen in Stücke brechen, Mango in Scheiben schneiden, Blattspinat zerzupfen – alle Zutaten in den Mixer und 30 Sekunden volle Power.

Die Zutaten

- 4 Bananen
- 1 Mango
- zwei Handvoll Blattspinat
- 2 Stängel frische Minze
- 1 TL Spirulinapulver

+++Gut zu wissen+++Gut zu wissen+++

Die Banane ist eine reine Energiequelle. Nur zwei Bananen am Tag reichen, um anderthalb Stunden lang Sport zu treiben.

Weil sie reich an Kalium sind, helfen Bananen dem Blutkreislauf, Sauerstoff an das Gehirn weiterzuleiten. Außerdem sind sie gesunde Muntermacher und Stimmungsaufheller.

Power-Petersilie-Shake

Petersilie wurde im alten Griechenland als Heilpflanze geschätzt und enthält viele ätherische Öle. Nur wer diese Kulturpflanze mag, sollte diesen Smoothie ausprobieren. Petersilie wirkt ausleitend und harntreibend. Die Süße bringt hier der Apfel und die Banane.

Zubereitung

Alle Zutaten in den Mixer, mit Wasser aufgießen und 30 Sekunden pürieren.

Die Zutaten

1 süßer Apfel
1 Banane
½ Gurke
1 Bund glatte Petersilie
1 TL Spirulinapulver

+++Gut zu wissen+++Gut zu wissen+++

Petersilie ist das meist verkaufte Küchenkraut und wächst fast überall: Im Garten, auf der Terrasse, dem Balkon, auf Fensterbänken und jeder sollte es bei sich zu Hause haben!

Die Petersilie ist reich an wichtigen Wirkstoffen. Ein Esslöffel Petersilie deckt den Tagesbedarf für das Spurenelement Mangan. Mangan ist zur Aktivierung wichtiger Enzyme im Körper verantwortlich.

Der "Morgen-Chlorella-Kick"

Wenn Sie eine lange Nacht hinter sich haben, ist dieser Smoothie genau die richtige Maßnahme für Sie. Er erfrischt, gibt neue Kraft, füllt Ihre Wasserdepots auf und ist sooo lecker...

Zubereitung

As always: alle Zutaten mixergerecht zerkleinern, Wasser bis zum Max.-Strich auffüllen und einen glatten Smoothie produzieren.

Die Zutaten

- ½ Gurke
- eine Handvoll Minze
- 1 Stange Staudensellerie
- Saft einer Limette
- Saft einer Zitrone
- 2 Datteln, entsteint
- 1 TL Spirulinapulver
- 1 TL Chlorella-Pulver
- 1 Prise Fleur de Sel

+++Gut zu wissen+++Gut zu wissen+++

Die Gurke macht schön. Sie sorgt nicht nur für eine schlanke Figur, sondern spendet zudem Vitamin C, Kalium und enthält reichlich Wasser.

Sie ist so wasserreich wie kein anderes Gemüse, zudem kalorienarm und trotzdem voller wertvoller Vitalstoffe. Die Gurke ist arm an Kohlenhydraten und enthält praktisch keinen Zucker. Somit ist sie auch bestens für eine Low-Carb-Diät geeignet.

Torten & Desserts

Mal ohne Reue Süßes genießen –
wie man leckere und zugleich vitaminreiche
Süßspeisen zubereitet, das erfahren
Sie auf den folgenden Seiten

Sushi mal in süß

Zubereitung

Zunächst den Milchreis nach Packungsanweisung mit Zucker, Salz, Milch und ausgeschabtem Vanillemark zubereiten. Er sollte eine klebrige Konsistenz haben. Dann ist er richtig. Obst waschen und zerkleinern. Die Erdbeeren in dünne Scheiben schneiden. Sechs Kiwis und etwa Dreiviertel der Mango werden ebenfalls in dünne Scheibchen geschnitten. Mit diesem Obst werden später die Milchreis-Nocken belegt. Die restliche Mango und die verbliebenen Kiwis werden längs geschnitten, sodass dickere möglichst lange Streifen entstehen. Mit diesen werden später die Sushi-Rollen gefüllt.

Am besten formen lässt sich der Milchreis, wenn er warm ist, deshalb nur kurz abkühlen lassen. Zunächst belegt man eine Sushi-Matte mit Klarsichtfolie und bestreut diese in Form eines Rechtecks dick mit Kokosraspeln. Breite etwa zehn Zentimeter, Länge nach Wunsch und Länge der Sushi-Matte. Darauf verteilt man vorsichtig mit Hilfe eines Messers den Milchreis. Auf den Milchreis kommen nun mittig die Kiwi- und Mango-Streifen, anschließend wird die Rolle mit Hilfe der Matte und der Klarsichtfolie vorsichtig eingerollt. Dann alles gut festdrücken. Auf diese Art zwei Rollen herstellen. Die Rollen nun im Kühlschrank fest werden lassen.

Den restlichen Milchreis mit Hilfe zweier Esslöffel zu Nocken formen und auf einer Platte arrangieren. Die Nocken mit den Erdbeer-, Kiwi- und Mango-Scheibchen belegen.
Die Sushi-Rollen aus dem Kühlschrank nehmen und mit einem scharfen Messer vorsichtig in Scheiben schneiden und diese ebenfalls auf den Platten arrangieren.

Serviervorschlag

Richten Sie die Sushi-Rollen auf einer Insel aus Erdbeersirup an.

Die Zutaten für 6 Portionen

200 g Milchreis
1 Liter Milch
1 Prise Salz und Spirulinapulver
4 EL Zucker
1 Vanilleschote
120 g Kokosraspel
1 reife Mango
250 g Erdbeeren
10 Kiwis

+++Gut zu wissen+++Gut zu wissen+++

Für die Erdbeere gilt: je dunkler, desto gesünder. In vollreif geernteten Beeren stecken bis zu 20 Prozent mehr Vitamine als in nicht ganz reif geernteten.

Kaum eine Frucht enthält so viel Folsäure wie Erdbeeren. Folsäure kann vom Körper nicht hergestellt werden, aber die Zellen brauchen diesen Stoff.

Walnuss-Spirulina-Torte

Zubereitung

Boden:
In einer Küchenmaschine die Walnüsse und die Kokosraspel gut mahlen. Dann nach und nach die Datteln hinzugeben, dann mit dem Salz gut durchmischen, bis eine formbare Masse entsteht. Eine Kuchenform oder einen Tortenring mit Kokosöl einfetten und die Masse aus Walnüssen, Kokosflocken, Datteln und Salz hineingeben. Danach mit den Fingern festdrücken, damit ein gleichmäßiger Boden entsteht.
Für die Limettencreme vorab die Mandelmilch herstellen: Mandeln 12 Stunden lang in Wasser einweichen, Wasser wegschütten und dann in einem Mixer einen Teil dieser eingeweichten Mandeln mit drei Teilen Wasser mixen. Danach diese Flüssigkeit durch ein Nussmilchsieb gießen und die Flüssigkeit auffangen.
25 g getrocknete Algen gründlich waschen und dann in sehr viel Wasser fünf Stunden lang einweichen. Danach nochmals gründlich abspülen. Die aufgeweichten Algen mit 150 ml Mandelmilch im Mixer gründlich mixen. Dann die eingeweichten Cashewnüsse hinzufügen. Ebenso werden der Saft von zwei Limetten, die Schale von einer Limette sowie 200 ml Mandelmilch hinzugefügt. Dann nochmals auf höchster Stufe drei Minuten mixen.
Zum Schluss Agavendicksaft, Spirulinapulver, Steviapulver und Kokosöl (dieses vorher im warmen Wasserbad flüssig werden lassen) und Sonnenblumenlecithin hinzufügen und nochmals kurz durchmixen. Diese Limettencreme auf den Tortenboden gießen und dann über Nacht im Kühlschrank lagern.
Vor dem Servieren die Torte mit den fein geschnittenen Limettenschalen dekorieren.

Die Zutaten für eine Torte (12 Stücke)

Boden
- 100 g Walnüsse
- 4 EL Kokosraspel
- 6 große Datteln
- etwas Kokosöl für die Kuchenform

Für die Limettencreme
- 150 ml Mandelmilch
- 30 g getrocknete Algen (trocken auswiegen)
- 120 g Cashewnüsse, 1 Stunde einweichen
- 2 Bio-Limetten, Saft und Abrieb
- 1 MSP Stevia
- 1 TL Spirulinapulver

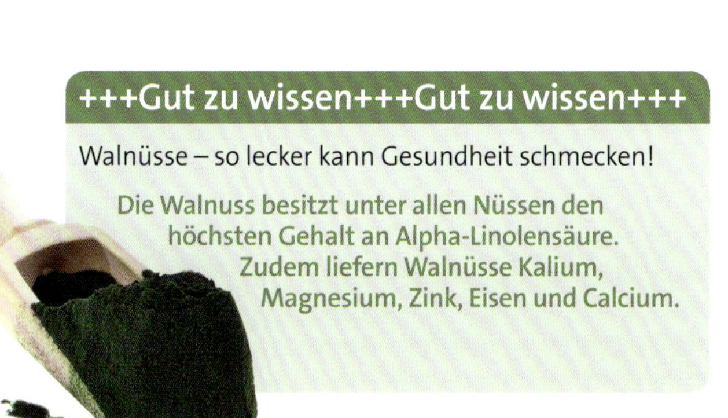

+++Gut zu wissen+++Gut zu wissen+++

Walnüsse – so lecker kann Gesundheit schmecken!

Die Walnuss besitzt unter allen Nüssen den höchsten Gehalt an Alpha-Linolensäure. Zudem liefern Walnüsse Kalium, Magnesium, Zink, Eisen und Calcium.

Erdbeer-Chlorella-Gedicht

Diese Frucht- und Quarkkombination lässt keine Gaumenwünsche offen. Besonders der Zusatz von Chlorella, eines der wertvollsten Nahrungsmittel überhaupt, macht dieses Dessert nicht nur zu einem Geschmacksgedicht, sondern hält auch hochwertige Nährstoffe für Sie bereit.

Zubereitung

Die Kiwis schälen und vierteln, die Erdbeeren putzen und vierteln. Vier ganze Erdbeeren für die Dekoration zurücklegen.
Die Hälfte der Erdbeeren mit den Kiwis, Vanillezucker, Chlorellapulver und dem Honig in eine Schüssel geben und in einem Mixer gut pürieren.

Den Quark, Frischkäse, Steviazucker und die Mandelmilch zu einer cremigen Masse verquirlen. Danach die andere Hälfte der Erdbeeren unterheben. Alles in Gläser schichten.

Eine Erdbeere pro Glas und Minzeblätter als Dekoration darauflegen. Fertig ist das Erdbeer-Chlorella-Gedicht.

Die Zutaten für 4 Portionen

- 250 g frische Erdbeeren
- 4 Kiwis
- 300 g Magerquark
- 100 g Frischkäse
- 2 EL Honig
- 1 gehäufter TL Chlorellapulver
- 100 ml Mandelmilch
- 1 EL Steviazucker
- Einige Blätter Minze zur Dekoration

+++Gut zu wissen+++Gut zu wissen+++

Chlorella kann dazu beitragen, die tagtäglich auf unseren Körper einwirkenden Giftstoffe, insbesondere Schwermetalle, Lösungsmittel und Pestizide, an sich zu binden und auszuleiten.

Sie gehört weltweit zu den chlorophyllreichsten Lebensmitteln, stärkt das Immunsystem und fördert die Zell-Aktivität, wodurch Bakterien und Viren effektiv bekämpft werden.

Glutenfreier Power-Riegel mit Spirulina

Zubereitung

Sesamsamen in einer Pfanne anrösten, dabei immer schön umrühren, damit sie nicht verbrennen. Eine rechteckige Auflaufform gut einfetten. Honig in einem Topf fünf Minuten kochen. Vom Herd nehmen und das Spirulinapulver und den Sesam unterrühren.

Die Masse sofort in die Form bzw. Formen gießen und schnell glattstreichen.
Komplett erkalten und fest werden lassen, im Kühlschrank geht es schneller. Aus der Form auf ein großes Schneidebrett stürzen und in kleine Riegel oder Quadrate schneiden. Man kann sie gut aufbewahren, indem man sie mit Backpapier zwischen den Lagen schichtet und in eine Blechdose legt.

Die Zutaten für 60 Stück

- 300 g Sesamsamen
- 150 g Honig
- 2 TL Spirulinapulver

+++Gut zu wissen+++Gut zu wissen+++

Die Spirulina-Alge wird der Kategorie Superfood zugeordnet. Das ist auch durchaus begründet. Denn sie ist ein wahres Füllhorn an Nähr- und Vitalstoffen, außerdem weist sie unzählige Enzyme auf.

Sie verfügt über einen grandiosen Nährstoffaufbau und eine hohe Bioverfügbarkeit. Bei regelmäßiger Einnahme aktiviert sie die Selbstheilungskräfte unseres Körpers.

Mandel-Müsli-Riegel mit Chlorella

Zubereitung

Haferflocken und Mandeln in einer Pfanne anrösten, dabei immer schön umrühren, damit sie nicht verbrennen. Eine rechteckige Auflaufform gut einfetten. Honig in einem Topf fünf Minuten kochen. Vom Herd nehmen und das Chlorella-Pulver vorsichtig einrühren, dann die Rosinen, Mandeln und Haferflocken unterrühren.

Die Masse sofort in die Form gießen und schnell glattstreichen. Komplett erkalten und fest werden lassen. Aus der Form auf ein großes Schneidebrett stürzen und in kleine Riegel oder Quadrate schneiden. Man kann sie gut aufbewahren, indem man sie mit Backpapier zwischen den Lagen schichtet und in eine Blechdose legt.

Die Zutaten für 60 Stück

- 200 g Haferflocken
- 150 g Honig
- 1 TL Chlorellapulver
- 50 g Rosinen
- 50 g Mandeln

+++Gut zu wissen+++Gut zu wissen+++

Bienenhonig ist ein gesundes Naturheilmittel, dies ist seit Jahrtausenden bekannt.
Die Griechen wussten Honig wirklich zu schätzen, denn laut Mythologie verdankten ihm die Götter ihre Unsterblichkeit.

Honig enthält neben Glucose und Fructose zahlreiche Mineralstoffe, Vitamine und Aminosäuren.

Rezeptregister

Die 40 besten Algen-Rezepte

Suppen

Gemüse & Salate

Hauptgerichte

Smoothies

Torten und Desserts

Gesund durch Algen

Wenn man das dumme "Igittigitt, Algen"
mal überwunden hat, darf man erstaunt sein,
wie lecker Algen als Nahrungsmittel und wie
wirkungsvoll sie als Gewichtsmanager sind

Gesund durch Algen

Nahrungsergänzung – wann und wie?

Über den Sinn und Unsinn von Nahrungsergänzungsmitteln kann man vortrefflich streiten. Doch diesen Streit wollen wir anderen überlassen. Sicher ist, dass in vielen Lebensmitteln nur noch geringe Mengen an Nähr- und Vitalstoffen enthalten sind – zum einen, weil die industrielle Produktion ihren Tribut fordert und sie langen Haltbarkeitsprozessen unterzogen wurden. Zum anderen, weil sie chemisch belastet sind oder bei der Zubereitung Schaden genommen haben.

Im Selbstversuch wird bald klar, dass die Einnahme von Spirulina-Pulver oder-Tabletten (und von der grünblauen Mikroalge Spirulina platensis ist in der Folge hauptsächlich die Rede) unser Wohlbefinden steigert, das Immunsystem stärkt und aufgrund ihres Nährstoffreichtums einen festen Platz auf unserem Speiseplan haben sollte.
Der enorme Eiweißreichtum der Spirulina, die günstige, umweltschonende, zeit- und energiesparende Kultivierungsmöglichkeit dieser Mikroalge bewegen Experten dazu, ihr einen besonders Platz bei der zukünftigen Ernährung einzuräumen. Die Spirulina, ein "Lichtträger", der besonders viel Sonnenenergie speichern kann, besitzt ein Nährstoff-Spektrum, das selbst die nicht gerade zu Superlativen neigenden Wissenschaftler zum Schwelgen bringt. Die winzige Pflanze enthält fast alles, was man zum Leben braucht: Mineralstoffe, Vitamine, Enzyme, hochwertiges Eiweiß, die essentielle Gamma-Linolensäure und jede Menge Antioxidantien, die freie Radikale in Schach halten.

Im Allgemeinen raten Spirulina-Experten dazu, dreimal täglich bis zu ein Teelöffel des Pulvers zwischen den Mahlzeiten bzw. vor oder nach körperlich-geistiger Anstrengung einzunehmen. Da der Körper an die Urkost und ihre reinigende Kraft nicht gewohnt ist, kann es anfänglich zu Phänomen wie Blähungen und ganz leichten Verdauungsstörungen kommen. Deshalb sollte man langsam und mit kleinen Dosen anfangen und dann die Dosis, bei Bedarf, erhöhen. Stets die Einnahme über den Tag verteilen. Da Spirulina belebend wirkt, rate ich von einer Einnahme kurz dem Schlafengehen eher ab. Ansonsten ist Spirulinapulver als Nahrungsergänzung völlig unbedenklich. Und achten Sie bitte darauf, immer viel Wasser zu trinken. In über 35 Jahren hat mir die Einnahme auch größerer Mengen an Spirulina nie geschadet – im Gegenteil. Es hat mir ausschließlich großen Nutzen gebracht.

Algen zur Vorbeugung und Prophylaxe

Irgendwas ist immer, heißt es. Und leider ist dem auch so. Stress im Beruf, Beziehungsprobleme, Grippewelle, Schmuddelwetter, depressive Verstimmung, Winter-Blues – der Alltag laugt den Menschen aus.
Durch die Einnahme von Spirulina und Chlorella kann man sein Wohlbefinden verbessern, einem Formtief die

Schärfe nehmen, seine Ausdauer und Konzentration steigern und die Nachwirkung eines Jetlag abmildern. Ob Kind, Teenager, Erwachsener oder Senior – aus dem überreichen Nähr- und Vitalstoffangebot der Süßwasseralgen kann jeder seinen Nutzen ziehen.
Spirulina versorgt uns auf natürliche Weise mit Antioxidantien (Carotinoiden, Vitaminen (E, A, B12) und Mineralstoffen, Phyccocyanin und Superoxiddismutase (SOD)). Bei Männern soll es den kritischen Cholesterinwert unter Kontrolle halten und durch den hohen Gehalt an Carotinoiden und Vitamin E den Kreislauf positiv beeinflussen. In der wissenschaftlichen Literatur wird beschrieben, dass Spirulina durch seine B-Vitaminc bei der Reduktion von Stress- und Angstzuständen eine gewichtige Rolle spielen soll. Dank des bioaktiven Vitamin B12 soll es Depressionen abwehren und die Gehirngesundheit fördern.
Ältere Menschen leiden oft darunter, dass ihr Metabolismus sich erheblich verlangsamt. Das betrifft unter anderem die Verdauung. Spirulina optimiert durch seine gute Bioverfügbarkeit die Nährstoffaufnahme, gleicht altersbedingte Immunschwächen aus und vitalisiert, weil es die Abnahme roter Blutkörperchen eindämmt. Wie bereits gesagt, enthält Spirulina große Mengen an Antioxidantien wie Carotinoide, Superoxiddismutase (SOD) und Phycocyanin, die ein probates Anti-Aging-Mittel darstellen. Besonders Superoxiddismutase schützt die Zellen vor giftigen, reaktiven Sauerstoffarten. Auf dicsc Art lassen sich altersbedingte Abbauprozesse wirkungsvoll verlangsamen.

Spirulina kann als grüner Schutzschirm in allen Lebenslagen helften

Generell gilt: Spirulina- und Chlorella-Pulver sind zur Vorbeugung und Prophylaxe sehr zu empfehlen.

Detox mit Algen

Pestizide, Industrie-Emissionen, Auto-Abgase, Schwermetalle in Lebensmitteln, Chemikalien aus Textilien und Schadstoffe in Reinigungsmittel – (Umwelt)-Gifte sind allgegenwärtig und keiner kann sich diesen Einflüssen konsequent entziehen. Die einzelligen Süßwasseralgen Spirulina und Chlorella, regelmäßig eingenommen, gelten als wahre Entgiftungsspezialisten. Sie helfen die Giftbelastung zu reduzieren, indem sie z.B. Schwermetalle binden und ausleiten.

Für diese Art der Schwermetall-Ausleitung sollten – nach einem Eingewöhnungsprozess – hohe Dosen von 20 bis 30 Gramm täglich eingenommen werden. Zur kontinuierlichen Anwendung reicht die sonst übliche Tagesdosis von ca. 3 bis 6 Gramm.

Spirulina und Chlorella liefern – neben allem anderen – eine enorme Menge von Chlorophyll. Die Wissenschaft hat Licht längst als Ursubstanz unserer Zellen ausgemacht. Über Lichtwellen, so genannte Biophotonen, sollen sich die Zellen eines Organismus unterhalten und harmonisieren. Die Mikroalgen speichern das gesamte Farbspektrum und können in Form von Chlorophyll das Biolicht an den Körper abgeben. Das versetzt den Körper wieder in die richtige Schwingung und bringt den Organismus zum Lächeln.

Algen beim Gewichtsmanagement

Was entschlackt und vitalisiert, das hilft natürlich auch bei dem, was man heute neumodisch Gewichtsmanagement nennt. Spirulina drosselt zudem dank der Megadosis an Nähr- und Vitalstoffen den Appetit. Das heißt: Die üblichen Heißhungerattacken unterbleiben ebenso wie der damit einhergehende Jo-Jo-Effekt.
Diäten – so hat man bei Untersuchungen festgestellt – verfehlen meist ihr Ziel. Auch wenn man kurzfristig Erfolge verbucht und sich seinem Idealgewicht nähert, hat man nach relativ kurzer Zeit wieder alles drauf, was man zwischenzeitlich verloren hat.
Das neue Zauberwort heißt Ernährungsumstellung – und dabei können Algen – zusammen mit anderen Maßnahmen – hervorragende Dienste leisten. Zum einen ist die Grundversorgung gesichert und zum anderen ist der Handhabung alltagstauglich. Algenpulver in die Suppe rühren, dem Joghurt beimischen oder einen schmackhaften Wakame-Salat genießen, gehört sicherlich zu den leichtesten Übungen beim Gewichtsmanagement.
Und dadurch, dass Spirulina ein echter Muntermacher ist, steigt die Lust an Bewegung und Aktivität. Auch das trägt langfristig zum Erfolg der Ernährungsumstellung bei.

Spezial-Spirulina-Mischungen mit Zink, Selen und Chrom

Wie dargelegt in dem Kapitel "Vier Super-Spirulina-Spezialitäten und deren Wirkungsweisen" *(siehe Seite 110)*, stellen wir Spezial-Spirulina-Mischungen her, die durch den höheren Gehalt an Selen, Zink, Eisen und Chrom ganz bestimmte Wirkungen erzielen. Auf diesem Gebiet, das zeigen medizinische Studien und wird von Herstellern wie uns auch gerne aufgegriffen, ist noch Luft nach oben.

Algen als Vitalkur

Als Reisebegleiter, als Stress-Bekämpfer und Stimmungsaufheller kann Spirulina sein ganzes Wirkungsspektrum entfalten. Beta-Carotin verbessert z.B. die Nachtsicht, andere Vitalstoffe des Algenpulvers stärken das Immunsystem, helfen den Blutdruck und den 'bösen' Cholesterinwert zu senken. Der Wirkstoff-Cocktail trägt zu schnellerer Wundheilung bei, hemmt allergische Überreaktionen und soll laut einer chinesischen Untersuchung sogar vor radioaktiver Strahlung schützen. Es würde den Rahmen sprengen, wollte man hier alle gesundheitlichen Vorteile von Spirulina aufzählen. Nur soviel: Als tägliche Nahrungsergänzung oder – von Zeit zu Zeit – als höher dosierte Vitalkur ist Spirulina sehr zu empfehlen.

Ganzheitliche Medizin

Ähnlich wie Traditionelle Chinesische Medizin (TCM) wird auch das Wissen über die Wirkung und den medizinischen Nutzen von Algen größer und findet Einlass in eine ganzheitliche Medizin. Viele Heilpraktiker setzen sehr konsequent auf die Kraft der Spirulina- und Chlorella-Algen. Ganz spannend ist beispielsweise, dass das in der Zellwand der Chlorella-Algen enthaltene Sporopollenin komplexe Verbindungen mit Schwermetallen eingehen kann. Diesen Umstand machen sich heute naturheilkundliche Zahnärzte bei der Entfernung von Amalgam zunutze.

Am Beispiel der häufig untersuchten Chlorella-, und Spirulina-Algen kann man ersehen, wie vielfältig sie angewendet werden und was sie als Nahrungsergänzung leisten können. Natürlich kann die Einnahme von Algenpulver einen notwendigen Arztbesuch nicht ersetzen, aber im Einzelnen berichten wissenschaftliche Studien von:

- Reparatur von beschädigtem Nervengewebe
- Steigerung der Energie
- Verbesserung des Immunsystems
- Normalisierung des Blutzuckers
- Verbesserung der Verdauung
- Normalisierung des Blutdrucks
- Förderung des gesunden pH-Wertes im Darm
- Ausleitung potenziell toxischer Metalle aus dem Körper
- Verbesserung der Konzentration
- Beseitigung von Mundgeruch

Spirulina ist mein Fleisch

Wegen des extrem hohen Proteingehalts ist Spirulina ein geeigneter pflanzlicher Fleisch-Ersatz. Der Eiweißgehalt von Spirulina liegt sogar mit 60% über dem der Sojabohnen. Daher spielen Spirulina-Algen, aber auch zahlreiche andere Algenarten, eine immer bedeutender werdende Rolle in der vegetarischen und veganen Ernährung.

Spirulina-Spezialitäten & deren Wirkung

(siehe hierzu auch Seite 62)

Besonders stolz bin ich darauf, dass es uns gelungen ist, die Spirulina mit Mineralien und anderen für den Körper wichtigen Verbindungen anzureichern. Dazu waren langwierige Forschungsreihen notwendig. Mittlerweile können wir diese Spirulina-Spezialitäten in großem Maßstab kultivieren und für den Kunden verfügbar machen. Besonders hervorheben möchte ich die Spezialitäten wie Spirulina Zink, Spirulina Eisen, Spirulina Chrom, Spirulina Selen und Spirulina Calcium. Letztere durch die Kombination mit der Calcium reichsten Lithotanium-Alge.

Spirulina Zink

Das Spurenelement Zink ist essentiell. D.h. unser Körper kann es nicht selbst herstellen und wir müssen es mit der Nahrung aufnehmen.
Es ist interessant zu wissen, dass Spirulina Zink 38-fach mehr natürlich gebundenes Zink enthält als herkömmliche Spirulina-Algen.

Warum erwähne ich das? Man müsste Unmengen von Spirulina einnehmen, um eine gewisse Dosierung zu erreichen. Mit der Spirulina Zink-Spezialität genügen normale Mengen und der Körper bekommt dieses so wichtige Element zugeführt. Zink ist am Aufbau von ca. 250 Enzymen, den 'Heinzelmännchen' im Körper, beteiligt. Es stärkt das Immunsystem. Zink steuert zum Beispiel die Protein-Synthese und Proteine sind für alle Muskeln, auch den Herzmuskel, lebenswichtig. Kein Muskel würde ohne Proteine existieren. Kohlenhydrat- und Fettsäure-Synthese werden maßgeblich durch Zink beeinflusst. In diesem Zusammenhang denke ich besonders an HDL, das lebenswichtige Cholesterin, das wir brauchen. Cholesterin – in der öffentlichen Wahrnehmung als böse stigmatisiert – sorgt für Manneskraft, da es das wichtige Hormon Testosteron bildet. Und Testosteron ist der Antriebsmotor, der Grund, wieso wir überhaupt aktiv am Leben teilhaben können. Bei den Damen ist es das Östrogen. Weiterhin spielt Zink eine Riesenrolle beim Haut-Haare-Nägel-Komplex. Das kann der geneigte Leser im Eigenversuch testen. Durch das in Spirulina enthaltene Spurenelement Zink wachsen die Haare schneller und dichter, die Nägel brechen nicht mehr ab, die Haut zeigt sich von ihrer besten Seite.

"Durch das in Spirulina enthaltene Spurenelement Zink wachsen die Haare schneller und dichter, die Nägel brechen nicht mehr ab, die Haut zeigt sich von ihrer besten Seite."

Wenn man Spirulina-Zink lutscht, ist das ein Segen für die Mundflora. Entzündungen im Mund- oder Zahnbereich kann man mit Zink bekämpfen und für Kleinkinder, die alles in den Mund stecken, ist Spirulina Zink ein wahres Wunder. Bei unseren Töchtern hat es immer wunderbar gewirkt. Unsere ganze Familie schwört heute noch auf Spirulina Zink.

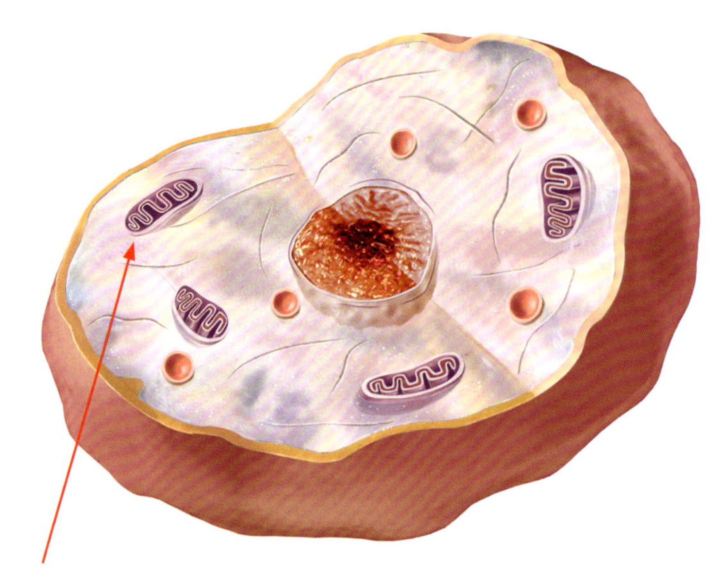

***Mitochondrien** die Kraftwerke in der menschlichen Zelle*

Spirulina Eisen

Lebenswichtiger Sauerstoff für unseren Körper kann immer nur mit Hämoglobin transportiert werden. Für diese bahnbrechende Entdeckung gab es 1930 den Chemie-Nobelpreis für den deutschen Forscher Hans Fischer (1881 – 1945). Damals wurde festgestellt, dass dieser Zentralproteinkomplex Eisen enthalten muss, damit überhaupt Sauerstoff gebunden werden kann. *

Das bedeutet im Umkehrschluss: Je mehr Hämoglobin und Eisen wir im Körper haben, desto mehr Sauerstoff kann gebunden und genutzt werden. Das hat natürlich einen enormen Einfluss auf die Befindlichkeit. Man kann besser denken, man kann sich besser konzentrieren, die Organe bedanken sich für die Sauerstoffdusche… wir alle brauchen Sauerstoff für die Kraftwerke der Zellen, die Mitochondrien, denn nur so können lebenswichtige Prozesse in Gang gesetzt werden und ablaufen. Besonders für Frauen, die ihre Menstruation haben, ist die Zufuhr von Eisen wegen des Blutverlustes von nicht unerheblicher Bedeutung. Ohne Sauerstoff ist schlichtweg kein Leben möglich.

**Der Sauerstoff, den das Blut transportiert, wird an das Eisen des Häms gebunden, wobei sich die Oxidationsstufe des Eisens nicht verändert. Das so gebildete Oxihämoglobin färbt das arterielle Blut hellrot. Hat es seinen Sauerstoff abgegeben, verfärbt es sich und mit ihm das dann venöse Blut dunkler, bläulichrot. (Quelle: http://universal_lexikon.deacademic.com/220811/Chemienobelpreis_1930%3A_Hans_Fischer.*

Wenn man ärztlich behandelt wird und einen Eisenmangel feststellt, werden gerne hohe Dosierungen verabreicht. Da man aber im Alltag nicht alle Nas lang ein Blutbild macht, kann und sollte man Eisen regelmäßig zuführen. Bei einer Überdosierung lagert sich das Eisen im Körper an und kann nur schwer abtransportiert werden. Das normale Spirulina, aber natürlich auch die mit Eisen angereicherte 'Spezialität', können bedenkenlos regelmäßig genommen werden. Von Überdosierungen ist mir nichts bekannt. Überdosierungen entstehen vor allem durch die intravenöse Gabe von Eisen direkt ins Blut.

Spirulina Selen

Es wird immer wieder diskutiert, dass wir in einem Selen-Mangelgebiet leben. Ich würde das relativieren. Es kommt vor, dass in einigen Böden zu wenig Selen vorhanden ist. Die Folge davon ist, dass Kartoffeln und Gemüse zu wenig Selen aufnehmen. Dennoch sind mir keine Bauern bekannt, die ihre Felder mit Selen düngen würden. Nicht wichtig genug, nicht vorgeschrieben. Für Menschen jedoch ist Selen durchaus wichtig, als Antioxidans und als Katalysator bei der Produktion von Schilddrüsenhormonen, genauer bei der "Aktivierung" von Thyroxin (T4) zu Triiodthyronin (T3). Selen kann sehr hilfreich sein, in weiten Bereichen ist die Funktion und Wirkweise jedoch wissenschaftlich noch unklar. Es ist uns gelungen, eine hohe Selenkonzentration natürlich an Spirulina zu binden. Jeden Tag, ein bis zwei Presslinge reichen aus.

Spirulina Chrom

In moderner Zivilisationskost ist sehr viel Zucker enthalten – als Geschmacksträger und/oder als Substitut für Fette. Doch wenn man zu viel davon isst, hat man ein Problem. Was passiert im Körper, wenn man viel Zucker zu sich nimmt? Die Kohlenhydrate gelangen in den Blutkreislauf. Von dort müssen sie zu den Zellen transportiert werden, damit man Energie daraus gewinnen kann. Im Blut sind Kohlenhydrate relativ nutzlos. Damit dieser Vorgang reibungslos abläuft, braucht es Chrom, und die Wissenschaft nennt diesen Faktor deshalb auch chromhaltigen GTF*, Glukosetoleranzfaktor. Ohne Chrom nix los. Gerade Menschen, die häufig Süßes und viele Kohlenhydrate zu sich nehmen, sollten auf das Vorhandensein von Chrom achten. Spirulina Chrom wirkt da vorbeugend und ist für 'Zuckersünder' elementar wichtig. Wenn ich viele Kohlenhydrate gegessen habe, greife ich auch gerne mal zu diesem Mittel.

Spirulina Calcium

Last but not least: Spirulina Calcium, die einzigartige Verbindung zwischen der Spirulina- und der Lithothamnium calcarea, der Kalkalge *(siehe Seite 49)*. Letztere ist das Calcium-haltigste Lebensmittel überhaupt. Calcium sorgt im Körper für Entsäuerung, ganz wichtig im modernen Alltag. Durch unausgewogene Ernährung ist Übersäuerung längst eine 'Volkskrankheit' geworden mit zahlreichen Folgen wie Aufstoßen, Völlegefühl, Sodbrennen, Verdauungs- und Magenproblemen.

**Chrom (Cr; Atomgewicht: 51,996) gehört zu den essentiellen Spurenelementen. Vermutlich enthält der Körper zwischen 10 und 20 mg Chrom. Chrom ist Bestandteil einer hochwirksamen Verbindung, die als „Glukosetoleranzfaktor“ bezeichnet wird. Chrom spielt als Bestandteil des Glukosetoleranzfaktors (GTF) eine wichtige Rolle im Kohlenhydratstoffwechsel. Ohne die Anwesenheit von GTF auf der Zelloberfläche ist das Insulin völlig unwirksam, d.h. der Blutzucker kann nicht in die Zellen eingeschleust werden! Möglicherweise lassen sich die Diabetesverläufe (Typ II), die mit verschlechterter Glukosetoleranz, erhöhtem Insulinspiegel und oft Übergewicht einhergehen, durch die Zufuhr von Chrom verbessern.*

Dr. Peter Hartig Tipp:

"Hören Sie auf Ihr inneres Kind, und Sie werden merken, dass die Kombination von Spirulina und den Spirulina-Spezialitäten eine Wohltat für Ihren Körper ist."

Auch als Knochenaufbausubstanz ist diese Spezialität besonders gut geeignet. Insbesondere in der Wachstumsphase, aber auch im Alter, wo der Knochenabbau einsetzt und schlimmstenfalls zu Osteoporose führt, ist die Einnahme dieser Spezialität mehr als ratsam. Für die Damen unter den Lesern: Vor allem nach den Wechseljahren sollten Sie auf ausreichende Versorgung mit Calcium achten. Eine Extraportion verhindert, dass die Knochen mit der Zeit porös werden und ich wünsche niemandem, dass er dann hinfällt und sich etwas bricht. Denn Frakturen, auch Mehrfach-Frakturen, sind gerade im Alter höchst unerfreulich, ja lebensbedrohlich – und wenn nicht, schränken sie auf jeden Fall die Lebensqualität erheblich ein. Man kann das an einem Beispiel augenfällig machen: Lassen Sie mal eine Flasche Wasser zu Boden fallen. Sie zerspringt in 1000 Teile. Eine Plastikflasche, die man fallen lässt, verbiegt sich, aber ansonsten passiert nichts, weil Plastik durch Weichmacher elastisch ist. Ich will hier nicht für Plastik werben, im Gegenteil, dieses Beispiel soll nur verdeutlichen, was mit starr und porös gewordenen, unterversorgten Knochen passiert. Knochen leben und sind und bleiben nur dann stabil, wenn man sie mit Calcium versorgt.

Das Beste an unseren Spezialitäten mit der Extraportion an Zink, Eisen, Selen, Chrom oder Calcium – sie liefern gleichzeitig die 4.000 Wirkstoffe der Spirulina-Alge mit. Alles in einem Pressling, in ausgewogener Kombination. Oft fragen mich Kunden, was sie denn jetzt nehmen sollen. Die Antwort ist denkbar einfach: Man kann und soll die normalen Spirulina-Premium als Dauerverzehr täglich einnehmen. Wollen Sie zusätzlich den Knochenapparat stärken, dann nehmen Sie Spirulina Calcium dazu. Möchten Sie Ihr Immunsystem im Winter befeuern, dann rate ich zu Spirulina Zink. Wenn Zucker ein Thema bei Ihnen ist, dann nehmen Sie Spirulina Chrom. Wer sein Gewichtsmanagement verbessern möchte, kann auf die Dreier-Kombi aus Spirulina Zink, Chrom und Calcium bauen. Das hilft ungemein. Leiden Sie gerade unter Antriebsstörungen, fühlen Sie sich ausgelaugt und schlapp, dann hilft Spirulina Eisen. Das gilt besonders auch für die Damen während und nach der Menstruation. Beim Verzehr der Spirulina-Spezialitäten können Sie dann den Verzehr von Spirulina Premium entsprechend reduzieren.

"Man kann und soll die normalen Spirulina-Premium als Dauerverzehr täglich einnehmen."

Algen in Kosmetik & Schönheitspflege

Ohne es zu wissen, haben wir in der Schönheitspflege schon seit Jahren mit Algen zu tun. Als Bindemittel und 'Zartmacher' sind sie in unzähligen Kosmetikartikeln enthalten. Inzwischen sind Algen aber selbst zu Stars der Schönheitsindustrie geworden. Denn sie vitalisieren, spenden Feuchtigkeit und versorgen Haut, Haare und Nägel mit wichtigen Nährstoffen

Algen in Kosmetik und Schönheitspflege

Algen, das haben wir inzwischen gelernt, sind wahre Allrounder. Nicht nur als Sauerstoff-Lieferant spielen sie eine zentrale Rolle, auch als Nahrungsmittel, Nahrungsergänzung, Abfallbeseitiger, als Dünger, Bodenoptimierer oder Viehfutter kommen sie zum Einsatz. Da wundert es nicht, dass das breite Wirkungsspektrum der Algen schon seit Längerem auch in Kosmetik und Schönheitspflege genutzt wird.

Wer hat's zuerst praktiziert? Natürlich die Bewohner maritimer Lebensbereiche. Dort, wo Algen zum natürlichen Lebensumfeld gehören, wurden sie seit jeher geerntet, um frisch und nass auf den Körper gepackt zu werden oder als Gesichtsmaske Feuchtigkeit zu spenden.

Haut, Haare & Nägel

Die Gele oder Schleimstoffe der Rotalge Ahnfeldtia concinna dienten Bewohner der Südsee dazu, ihre Haut zart und geschmeidig zu machen. Es gehörte zu den rituellen Hochzeitsvorbereitungen auf Hawaii, dass sich Bräute tagelang mit Algengelatine einrieben. Man wollte dem Ehemann ja mit seidig-glatter Haut begegnen.

Die Schleimstoffe dieser Rotalge sind längst Hauptbestandteil vieler Kosmetika, die der Hautpflege dienen. Dort, wo feuchtigkeitsspendende Wirkung gefragt ist, kommt Algengelatine zum Einsatz. Genau genommen handelt es sich dabei um Kohlenhydrat-Verbindungen (also Polysaccharide), die in Form von Pektin in der Ahnfeldtia concinna die Zellwände bilden. Gelsubstanzen, das weiß man von Aloe Vera, kühlen, glätten, straffen und spenden Feuchtigkeit.

Von den zig Tausenden von Algenarten, die es gibt, werden bis heute nur ca. 50 aktiv für kosmetische Zwecke genutzt. Und das aufgrund unterschiedlicher

Algen in der Kosmetik, *denn schöne Haut, Haare und Nägel kommen nicht von ungefähr*

Substanzen. Hier gibt es für uns Forscher noch ein schier unendliches Potential. Braunalgen liefern die Salze der Alginsäure, kurz Alginate genannt, die dort Verwendung finden, wo Feuchtigkeit aufgenommen und gespeichert werden soll. Dasselbe gilt für Carrageen, das aus den Zellwänden von Rotalgen gewonnen wird. Agar-Agar, ein anderer Bestandteil der Rotalgen, ist ein natürliches Konservierungsmittel und taucht auf den Beipackzetteln zahlreicher Kosmetika auf. Gesichtsmasken enthalten oft Maerl oder Lithothamnium und die sind – in Kombination mit anderen beruhigenden Substanzen – ein wirksames Werkzeug gegen Hautunreinheit oder zur nachhaltigen Pflege. Aus den Algen mit dem Namen Fucus vesiculosus wird der wertvolle Fucales-Extrakt gewonnen und taucht wegen seiner glättenden, straffenden und feuchtigkeitsspendenden Wirkung in Kosmetika gegen Cellulitis auf. Besonders der hohe Jodgehalt dieser Alge soll – verarbeitet in Badeextrakten und Cremes – helfen, den Stoffwechsel und damit die Entschlackung und Durchblutung der Haut anzuregen und so das Hautbild zu verbessern. Wenn man den Professorenstreit darüber, ob Jod tatsächlich über die Haut aufgenommen werden kann, mal vernachlässigt, dann transportieren die Algen-Schleimstoffe Jod zu seinem Arbeitsplatz in tiefere Zellschichten. Die Folge: Der Stoffwechsel schiebt Extraschichten, die Entschlackung und damit das Gewichtsmanagement werden positiv beeinflusst.

"Mit Algen leistet der Stoffwechsel Extraschichten. Die Entschlackung und damit das Gewichtsmanagement werden so positiv beeinflusst."

Alle für die Kosmetik bedeutsamen Wirkstoffe – zig Mineralsalze, zahlreiche Vitamine und Inhaltsstoffe wie Schwefel, Kupfer, Magnesium, Mangan oder Zink – wurden durch komplizierte technische Verfahren für die Schönheitspflege nutzbar gemacht. Um den Transport der Wirkstoffe in tiefe Hautschichten zu gewährleisten, entwickelte man z.B. das Mikro-Eclatage oder Mikro-Explosionsverfahren, bei dem die Algen zu winzigen Körnchen von Tausendstel Millimeter pulverisiert werden.

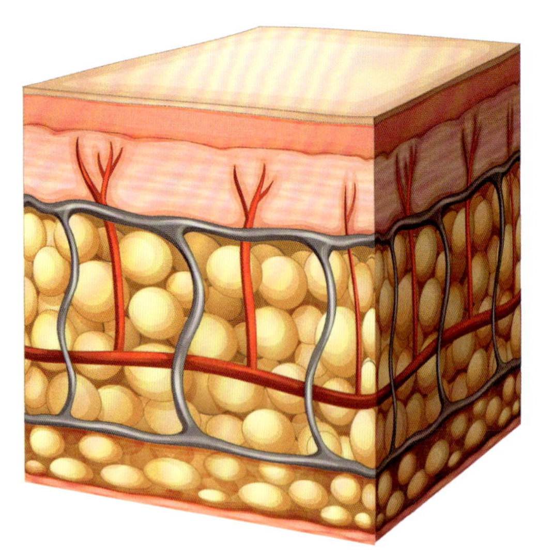

Eine gesunde Hautstruktur

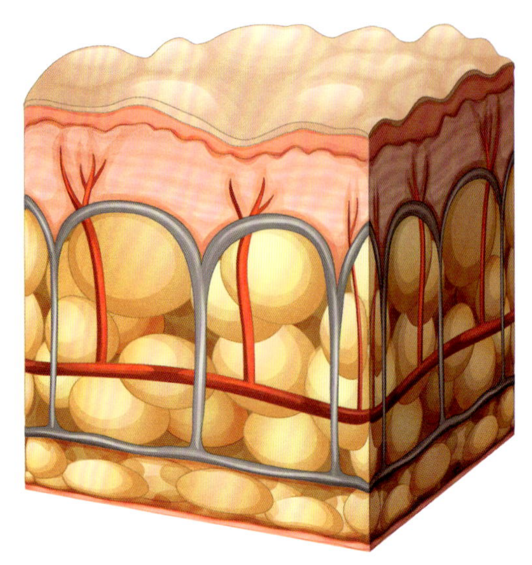

Eine veränderte Hautstruktur (Cellulite)

Die uns schon bekannte Salzalge Dunaliella salina verbessert bei äußerlicher Anwendung das Hautbild und stärkt das Bindegewebe. Bei Einnahme in Pulver- oder Tablettenform unterstützt die Alge mit dem enormen Beta-Carotin (Provitamin A)-Gehalt das Immunsystem, ist also auch ein willkommenes Anti-Aging-Mittel. Die Pigment-Produktion wird angeregt und so kommt es zum strahlenden, Sonnen gebräunten Teint.

Ulva Lactuca "Kopfsalat des Meeres"

Unser "blaugrünes Wunder", die Spirulina-Blaualge, taugt nicht nur als Nahrungsergänzung, sondern kommt auch in der Kosmetik zum Einsatz. Sie soll die Durchblutung fördern, den Haut-Stoffwechsel anregen und die Talgproduktion in Grenzen halten. Kein Wunder – bislang hat die Wissenschaft ca. 4.000 Wirkstoffe in dieser Alge entdeckt: Eiweiße, Vitamine, Spurenelemente und Mineralstoffe satt.

Auch der "Kopfsalat des Meeres", die Grünalge Ulva Lactuca, ist wegen ihrer rekordverdächtigen Vitamin C- und Vitamin A-Menge als Nahrungsmittel begehrt und wird wegen ihrer entspannenden Wirkung auch als feuchtigkeitsspendender, wohltuender Kosmetikartikel geschätzt – eine wahre Poweralge.

Gegen fettige Haare kommen die bis zu 50 Meter lang werdenden Braunalgen Macrocystis pyrifera und die Blaualge Spirulina zum Einsatz. Die Wirkstoffe dieser Algenarten halten die Talgdrüsenproduktion unter Kontrolle und werden deshalb entsprechenden Shampoos beigefügt.

Gegen übermäßige Schweißbildung kann man die rote Alge Palmaria palmata einsetzen. Sie soll beruhigend auf die Schweißdrüsen wirken.

Anti-Aging mit Algen

Der enorme Gehalt an Beta-Carotin in der Dunaliella salina stützt das Immunsystem, hält freie Radikale in Schach und wird daher gerne als Anti-Aging-Mittel

Anti-Aging Spirulina-Maske

Die Maske zaubert in 20 Minuten einen strahlenden Teint, glättet Fältchen und sorgt für jugendlich frische Gesichtszüge. In der Anti-Aging-Therapie ist Spirulina sehr beliebt, da es ein kraftvolles Antioxidans ist und auch die Alge der Schönheit genannt wird.
Laut wissenschaftlichen Studien schützt Matcha vor schädlicher UV-Strahlung und damit auch vor lichtbedingter frühzeitiger Hautalterung.

Anti-Aging – positiv denken

Sobald ein negativer Gedanke kommt, wandeln Sie ihn ins Positive. Sorgen Sie für Stressabbau, zum Beispiel durch Bewegung, Entspannungstechniken und eine positive Lebenseinstellung.

Zubereitung

1 Teelöffel Matcha Tee in eine Tasse geben, mit heißem Wasser bedecken und 10 Minuten ziehen lassen. Mit drei Esslöffeln Quark und einem Teelöffel Spirulinapulver gut vermengen und auftragen. Diese Mischung entspannt die Haut und wirkt wahre Wunder gegen Falten.

Eine Anwendung

- 3 EL Quark
- 1 TL Matcha Tee
- 1 TL Spirulinapulver

eingesetzt. Bei äußerlicher Anwendung werden Haut und Gewebe durch diese Grünalge vitalisiert.
Weitere Stars unter den Feuchtigkeitsspendern sind die Rotalge Delesseria sanguinea und die Braunalge Undaria pinnatifida. Die Delessaria ist aufgrund ihres Wirkstoff-Cocktails aus Mangan, Magnesium, Kupfer und Zink besonders gefragt unter den für die Kosmetik wichtigen Algen.

Entschlackung, Entwässerung, Entgiftung

Die Braunalge Fucus vesiculosus, auch genannt Blasentang wegen der Bläschen auf den Blättern, dient der Entschlackung, da sie harntreibend wirkt, im Gewebe eingelagerte Flüssigkeit abtransportieren hilft und die Collagen-Bildung anregen soll. Reich an Jod und Vitamin C sagt man der Fucus-Alge eine Aktivierung der Fibroblasten nach. Diese im Bindegewebe vorkommenden Zellen produzieren in der Hauptsache das Kollagen, das für Gewebe- und Hautfestigkeit sorgt.
Entschlackend wirkt auch die Braunalge Laminari digitata, der sogenannte Fingertang, die an der Küste der Bretagne vorkommt. Sie wird übrigens auch in der Ostsee und in den Gewässern vor Sylt angebaut. Diese Alge wird gerne als Bindemittel in Cremes, Pasten und Gels verwendet, weil sie nicht fettet und den Produkten eine seidige Konsistenz gibt. Ihre Wirkstoffe – Aminosäuren, Spurenelemente, Vitamine und Mineralstoffe – sollen bei schwachen Venen helfen. Ich erinnere mich noch heute lebhaft an die zahlreichen Besuche und meeresbiologischen Exkursionen in der französischen Bretagne während meines Studiums. Allein der Geruch der Algen dort bleibt mir lebhaft in Erinnerung. Umso mehr freut es mich, dass diese so einzigartigen Meerespflanzen heute auch in der Schönheitspflege sehr wirksam und erfolgreich eingesetzt werden.

Algen-Treatments und -Therapie

Ob Algenpackungen mit dem nassen "Produkt" direkt aus dem Meer, ob Masken aus Spirulina- und Chlorella-Pulver, ob Gesichtswasser oder Reinigungsmilch, Cremes und Deodorants – Algen sind aus der Kosmetik nicht mehr wegzudenken.

Algenpulver als Bade-Zusatz, Peelings mit entsprechenden Reinigungscremes oder Spezialbehandlungen gegen müde Beine – die Liste der Kosmetika mit Algen ist endlos und bestätigt erneut die Vielseitigkeit dieser Pflanze. Fazit: Algen sind in modernen Kosmetikartikeln allgegenwertig. Und es darf gerne ein bisschen "meer" sein!

Einige grundlegende Gedanken zu Algen in der Schönheitspflege

Seit Jahren beschäftigen wir uns mit dem Thema 'Mikroalgen in der Kosmetik und Schönheitspflege'. Ich erinnere mich, dass die aus einer Fusion entstandene Firma Symrise mit Sitz in Holzminden, der "Stadt der Düfte und Aromen", mich zu einem Vortrag eingeladen hat. Dazu wurde extra die gesamte Firmenspitze einbestellt. Ihr Interesse galt der Frage: Wie kann man Mikroalgen in den Dienst der Kosmetik und Schönheitspflege stellen? Nach langen Diskussionen wurde bei uns eine Studie in Auftrag gegeben, um diese Frage zu klären. Und ich bin wirklich sehr stolz darauf, dass inzwischen Extrakte aus Mikroalgen in hochwertigen Kosmetika zum Einsatz kommen. Dazu gehören die Meeresmikroalgen Nano-Chloropsis, Extrakte aus der Spirulina-, der Chlorella- und der Dunaliella-Alge und natürlich die Wattenmeer-Algen. Neben Symrise hatte auch die Beiersdorf AG (NIVEA, NIVEA MEN, Eucerin, La Prairie, Labello und Hansaplast) aus Hamburg großes Interesse an Mikroalgen. Die sind durch mediale Berichterstattung im Zusammenhang mit den Preisen, die wir seinerzeit gewonnen haben, auf uns aufmerksam geworden und luden uns ein. Es kam letztendlich nicht zu einer Zusammenarbeit, aber allein die Tatsache, dass sie uns einluden und Interesse an Mikroalgen bekundeten, hat mich gefreut.

Extrakte der Makroalgen werden ja schon lange und sehr intensiv in der Kosmetik eingesetzt. Wir selbst sind dabei, Makro- mit Mikroalgen zu kombinieren, und gleichzeitig mit Hilfe des hochwertigen Astaxanthins, dem wohl stärksten Antioxidans, die Wirkkraft zu erhöhen und dies für die Kosmetik verfügbar zu machen. Man könnte sich fragen, warum die Kosmetikhersteller nicht die gesamte Alge nehmen und für ihre Zwecke nutzen. Die Antwort ist: Es ist nicht so einfach, Mikroalgen in die Matrix der Kosmetikprodukte einzubauen. In den Mikroalgen gibt es nämlich viele Proteine, Aminosäuren

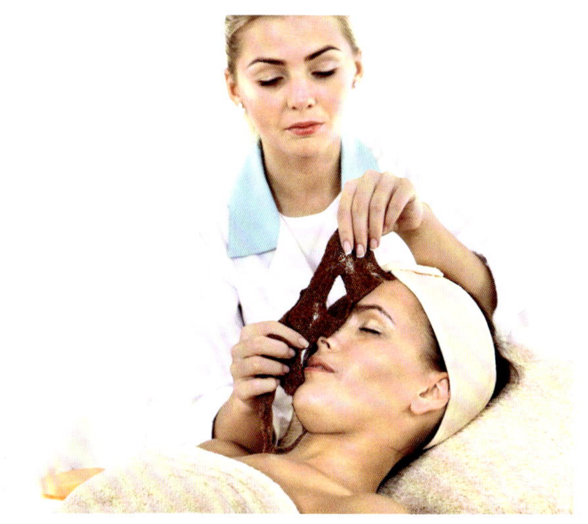

***Algen-Masken sind gefragt:** Die Meerespflanze spendet Feuchtigkeit, strafft und belebt*

und unheimlich schwer zu stabilisierende Kohlenstoff-Verbindungen. Diese haben Kosmetikhersteller nicht so gerne, weil sie nur extrem schwer haltbar gemacht werden und zudem einen sehr unangenehmen Geruch entwickeln können. Für die Kosmetikindustrie schier undenkbar. Nun versucht man mit aufwendigen und langwierigen Verfahren, bestimmte einzelne Komponenten herauszuarbeiten, damit sie in der Matrix der Kosmetikprodukte, also z.B. eine Hautcreme, eingearbeitet werden können. Dieser Prozess ist – wie man sich vielleicht vorstellen kann – extrem teuer. Aber allem Anschein nach lohnt es sich, denn immer mehr Firmen haben sich darauf spezialisiert, die Schätze des Meeres für kosmetische Zwecke nutzbar zu machen. Eine Dose der berühmten La Mer-Crème kostet gut und gerne mal 400 bis 500 Euro und es gibt genug Kunden, die bereit sind, diesen Preis zu zahlen.

Wir werden in Zukunft auch dieses Segment bedienen und eigene Cremes entwickeln. Aber es geht auch ganz einfach.

"In Zukunft werden wir auch eigene Cremes entwickeln."

Eine Spezialmaske, die ich gerne 'zubereite', besteht aus dem hochwertigen, an Inhaltsstoffen reichen Matcha-Tee, Spirulinapulver mit ein bisschen Quark vermischt – das Ganze auf die Gesichtshaut auftragen und 20 Minuten einwirken lassen. Simpel, aber sehr effektiv und man wird mit einem strahlenden, frischen Teint belohnt. In den 20 Minuten unter der Maske kann man eine Übung in positivem Denken machen. Versuchen Sie mal, ent-

lang des Alphabets für jeden Buchstaben von A-Z einen positiven Gedanken zu fassen. Sehr aufschlußreiche und spannende Übung: A wie Achtsamkeit, C wie Charisma, D wie Dankbarkeit... L wie Liebe – so geht Anti-Aging heute, denn die Maske ist mit der Übung noch effektiver. Ihnen fallen bestimmt noch viele positive Wörter zu den Buchstaben des Alphabets ein.

Schönheit von außen und innen

Es ist äußerst sinnvoll, Schönheit von außen und innen zu kombinieren oder – in Abwandlung eines Rilke-Bonmots –: 'Schönheit ist ein großer Glanz aus Innen', aber man muss auch die äußere Hülle pflegen! Und das Gute aus den Algen von außen und innen – das macht Sinn. Einige Stoffe unterstützen den Collagenaufbau, andere spenden Feuchtigkeit, wieder andere vitalisieren.

Dass die Kosmetik nicht sehr weit in die tieferen Hautschichten vordringen kann, ist klar. Die Haut stellt eine natürliche Barriere dar und das ist auch gut so, denn anderenfalls würden halt auch alle schädlichen Inhaltsstoffe ungehindert in den Körper gelangen. Und der Körper hätte keinen Halt. Wir würden schlichtweg zerfließen. Die Kosmetikindustrie entwickelt aber zunehmend Produkte, die tiefer in die Haut eindringen können. Doch dem sind Grenzen gesetzt. Wäre es anders, gäbe es keine Schönheitschirurgie, keine Hyaluronspritzen u.ä., denn damit kann man in die tiefen Schichten vordringen. Noch einmal: Schönheitspflege in gleichen Teilen von außen und innen – darauf sollte man achten.

Noch ein Wort zum Thema Schönheitschirurgie. Meine Haltung dazu ist: Jedem das Seine. Wenn jemand darauf steht, dass man ihm/ihr sein/ihr Leben nicht ansieht, dann ist der Gang zum Operateur vorprogrammiert. Ich für meinen Teil sehe mir gerne eine Frau an, in deren Gesicht Spuren des Lebens zu finden sind – Lachfältchen zum Beispiel. Ich finde reife Frauen wunderschön. Männer, die meinen, sie müssten mit 60 noch eine 20-jährige Freundin haben – na ja, kann man machen, muss man aber nicht. Wenn jemand nach ewiger Jugend strebt (was ja letzten Endes von vorneherein zum Scheitern verurteilt ist), dann sollte er darauf achten, die absoluten Experten auf dem jeweiligen Gebiet zu finden.
Denn leider habe ich schon zu oft Menschen gesehen, die nach einer Schönheits-OP entstellt aussehen.

◀ **Die Schönheit** *ist ein ganz großer Glanz von Innen*

Und 'Unfälle' dieser Art kann man ja auch nicht mehr reparieren. Sehr schade.

Grundsätzlich geht es doch darum, sein Potential zu zeigen. Aber das kann man auch durch eine positive Einstellung, durch Dankbarkeit, durch Haltung demonstrieren. Wir wurden einmal zu einem Schönheitskongress eingeladen, u.a. weil es um Algen ging. Dort wurden von der Firma "Dove" Fotos einer Werbekampagne gezeigt, darunter welche mit 60- bzw. 70-jährigen Frauen. Und die waren wunderschön, hatten eine enorme Ausstrahlung – trotz all der Falten im Gesicht oder vielleicht gerade deswegen. Das Natürliche finde ich persönlich unheimlich gut, das Künstliche kann man machen, mein Fall ist es nicht!

Mir wird auch immer bestätigt, dass ich für mein Alter nur wenig Falten habe. Das hängt natürlich von vielen Faktoren ab. Zum einen sind es die Gene, zum anderen (meiner Ansicht nach zum größeren Teil) ist es auch eine Frage des Lebenswandels. Ich habe das Riesenglück, seit meinem 18. Lebensjahr Zigaretten nur sehr unregelmäßig bei gesellschaftlichen Anlässen als eine Art Friedenspfeife zu rauchen. Zudem trinke ich nur sehr mäßig Alkohol, ich lebe relativ diszipliniert, werte meine Nahrung permanent mit Algenprodukten auf, und benutze zudem auch einige Pflegemittel. Dass ich obendrein versuche, Stress zu meiden und achtsam mit mir umgehe, trägt natürlich auch noch dazu bei, dass man eben nicht so schnell altert. Daran kann man ersehen, dass es nicht den einen Grund für Alterung und Hautalterung gibt, sondern viele – und die meisten davon kann man vermeiden bzw. selbst steuern.

Für meine Doktorarbeit habe ich mit einer Blaualge namens Synechococcus Forschung betrieben. Inzwischen gewinnt eine große namhafte Arzneimittelfirma aus dieser Alge einen Extrakt, der DNA-Schäden, die z.B. durch Sonneneinstrahlung verursacht werden, reparieren kann. Das habe ich damals auch nachgewiesen. Dieser Extrakt wird in vielen Pflegemitteln genutzt und ist hochgradig wirksam. Man sieht daran, dass Algen – nicht nur als Weichmacher oder Bindemittel – sondern als aktive Wirkstofflieferanten immer häufiger in der Kosmetik zum Einsatz kommen. Und das ist erst der Anfang.

Mehrwert der Algen

Positive Schwingungen oder
wie kann ich ganz bei mir sein?

Mehrwert der Algen

Positive Schwingung contra modernes Leben
Ein eng getaktetes Leben. Leistungsgesellschaft. Überfüllte Städte. Lärm. Feinstaub. Verkehrskollaps. Negative Umwelteinflüsse. Permanente Erreichbarkeit. Weltweite Vernetzung. Informationsterror. Stress als permanenter Begleiter des modernen Menschen.

Schon diese nur stichwortartig zusammengestellten Themen machen deutlich, wie schwierig es ist, als Mensch bei sich zu sein und zu bleiben, nicht durchzudrehen und vor allem nachhaltig gesund zu bleiben. Wenn der Mensch nicht bei sich ist, gerät er sehr leicht in den Strudel dieser meist negativen Umwelteinflüsse, seine Selbstwahrnehmung leidet darunter und er vergisst, was für ihn elementar wichtig ist. Eine – nennen wir es – 'Übung', die mir an dieser Stelle hilft: Sich einfach mal rausziehen. Ruhig und gerade hinsetzen, bewusst tief in den Bauch atmen und wieder eine Verbindung zu sich selbst herstellen, alle Gedanken kommen und gehen lassen. Einfach nicht beachten. Probieren Sie es bitte aus. Es hilft!
Wieder etwas spüren, Gefühle aufkommen lassen, sich selbst anschauen, welche Gefühle hochkommen, wenn man das wieder zulässt. Wichtig ist, dass man nicht direkt in dieser Ruhephase das Gefühl, was hochkommt, tiefer angeht. Man soll es wahrnehmen und trotzdem in der Ruhe verharren. Die Problembewältigung kann später stattfinden. Diese buddhistische Technik ist keine Hexerei. Dazu braucht man sich in keinem Kursus anmelden und muss auch keinen Guru finden. Das kann man für eine Minute, für zehn Minuten am Arbeitsplatz machen oder noch besser in der freien Natur unter seinem Lieblingsbaum. Wen es interessiert: Ich selbst übe seit gut 25 Jahren eine buddhistische Richtung aus, die zum Ziel hat, dass Frieden in die Welt kommt und der Mensch sein höchstes Potential entfalten kann,

Unsere Leistungsgesellschaft fordert permanente Erreichbarkeit. Termindruck und damit Dauerstress werden zu stetigen Begleitern

Renate und Dr. Peter Hartig gönnen sich Auszeiten

egal wie die Umstände gerade sind. Dies ist wirklich sehr diesseitig.
Ohne hier näher auf diesen Buddhismus Nichiren Daishonins, dessen Philosophie sich in der Laienorganisation Soka Gakkai International wiederfindet, genauer einzugehen, gibt mir das sehr viel Kraft und Hoffnung für mein Leben. Ich habe dadurch gelernt, wie wichtig es ist, sich mit seinen Mitmenschen auszutauschen und immer wieder den Dialog anzustreben. Ein Beispiel: Man kann sich im Straßenverkehr, dem letzten sozialen Dschungel, benehmen wie die sprichwörtliche Wildsau – oder man geht den anderen Weg und nimmt an, dass der Raser, der mich gerade geschnitten hat, seine schwangere Frau ins Krankenhaus bringen muss und der, der an der Ampel trödelt, mir ein paar Minuten Ruhe schenkt.

Es ist wichtig, sich Zeit zu nehmen. Fahre früher los, dann vermeidest Du Hektik. Genieße den Weg von oder zur Arbeit. Schau Dir die Natur an, hänge Gedanken nach, mach Pläne, aber fahr 120 oder 130, denn wenn Du schneller fährst, bist Du vielleicht fünf Minuten früher zuhause. Nutze Deine Lebenszeit, indem Du sinnvoll mit ihr umgehst.

Wichtig: Immer bei sich selbst sein, sich seiner selbst bewusst werden, atmen. Da reichen – wenn man es richtig macht – fünf Minuten am Morgen und am Abend: Dazu tief in den Bauch einatmen, eins zwei drei vier, dann eine Sekunde inne halten, dann sieben Sekunden ausatmen… und wieder von vorne: einatmen, innehalten, ausatmen…

"Nutze Deine Lebenszeit, indem Du sinnvoll mit ihr umgehst."

Sich Auszeiten zu nehmen, ist wichtig. Sich bewusst machen, wie der Green Coffee, den ich gerade trinke, meinem Körper gut tut, ist wichtig. Sich darüber freuen, was die Algen mir Gutes tun, wenn ich sie einnehme, ist wichtig. Auf diese Weise lernt man, sich über sehr kleine Dinge zu freuen und begreift im Laufe der Zeit, dass man an dem Lauf im Hamsterrad, der da draußen stattfindet, gar nicht teilhaben will.

Sich selbst erfüllende Prophezeiungen

Es gibt so viele simple, aber effektive Bewältigungstechniken wie beispielsweise alles aufzuschreiben, wenn es scheinbar gar nicht mehr weitergeht. Und dann zu sagen: Ich schaffe das!! Ich werde das alles Punkt für Punkt abarbeiten und bewältigen. Mir hilft auch immer wieder die nachfolgende positive Affirmation und Vorstellungskraft weiter, wenn der Stress zu groß wird. Sie lautet: "Für alles, was ich mir vornehme, ist Zeit und Raum vorhanden!" Damit hat man einen Teil der Angst, die Stress auslöst, gebannt.

"Für alles, was ich mir vornehme, ist Zeit und Raum vorhanden!"

Es entsteht eine innere Ruhe, die einem dann tatsächlich bei der Umsetzung der Aufgaben hilft. Die positiven Gedanken aufschreiben und die Zettel überall in der Wohnung verteilen... das hilft! Sich selbst erfüllende Prophezeiungen funktionieren! Das kann man an sich selbst überprüfen. Schau mal, lieber Leser, was passiert, wenn Du so verfährst. Du wirst erstaunt sein, was da alles passiert.
In diesem Zusammenhang noch ein Gedanke: Wir sagen uns gerne "Ich muss dies und das erreichen...!" Nein! Man muss nichts, man darf. Das MUSS muss weg. 'Wir dürfen' ist der richtige Ansatz. Was wir machen dürfen, ist ein Geschenk für uns. Ich darf heute 30 Schritte mehr tun, als ich das für gewöhnlich tue und ich schaffe das. Ich darf heute zu Fuß in den vierten Stock gehen. Ich darf heute eine viertel Stunde laufen – so wird ein Geschenk daraus. Positive Affirmationen helfen. Sich die Hürden gleich von vorneherein ganz hoch zu setzen, hilft meist nicht. Weil man dann in den meisten Fällen erst gar nicht losläuft und kapituliert, bevor man den Kampf angenommen hat. Wenn ich schon auf Notreserve laufe, dann ist es unmöglich, den Akku direkt so aufzuladen, dass ich auf 100 Prozent bin. Das geht einfach nicht. Wenn ich jahre- oder sogar jahrzehntelang meinen Körper nur ausgebeutet habe, kann ich nicht erwarten, dass er nach einer Woche gesunder Ernährung, einer Woche Training oder was auch immer, so funktioniert, wie ich das gerne hätte. Dann sollte ich mir einfach Zeit geben. Aber auch in diesem Zustand zu begreifen, dass man – einmalig – wertvolle Lebenszeit erlebt, das ist der richtige Ansatz.

Schlaf

In diesem Zusammenhang: Wie wichtig ist Schlaf für unser Wohlbefinden und wie schlafe ich gut? Vor dem Schlafengehen durchlüften? Kein Fernseher? Kein Strahlenmüll? Die Regeneration des Körpers findet in der Nacht statt und deswegen ist Schlaf extrem wichtig. Die Ereignisse des Tages werden verarbeitet, die Neuronen im Gehirn neu geordnet.

***Atemübungen und Affirmationen** können für stressfreies Einschlafen sorgen*

Wichtig ist, sich nicht unter Stress zu setzen, um sechs, sieben oder acht Stunden zu schlafen. Der Körper kriegt schon das, was er braucht. Ich stelle mir z.B. nur dann den Wecker, wenn ich morgens einen Flieger kriegen muss oder ein frühes Meeting anberaumt ist. Und prompt entsteht Stress, weil ich den Wecker ja vielleicht überhören könnte. Ergebnis: Ich schlafe wesentlich unruhiger als normalerweise. Also: keinen Wecker, wenn es irgend geht.

Im Alter braucht der Körper weniger Schlaf, dafür häufiger eine Pause. Die nimmt sich der Körper auch. Ältere Menschen dösen schon mal weg, haben kurze Schlafphasen, manchmal ohne das zu realisieren.

Wichtig ist: Bevor man zu Bett geht, sollte man sich idealerweise nicht mit Dingen beschäftigen, die verarbeitet werden müssen. Man sollte sich nicht bis zur letzte Minute dem üblichen Informationsterror aussetzen. Handy aus, Fernseher aus, Tablet weglegen.

Punkt zwei: Geh nie mit Groll zu Bett! Wenn man gerade mit seinem Partner Streit hat, sollte man sagen: 'Okay, wir haben ein Problem, aber ich hab Dich lieb; wir kümmern uns morgen weiter darum!' Kuss, Versöhnung und gut. Geht man mit bösen Gedanken zu Bett, wird man nicht gut schlafen. Hat man andere Probleme – Job, Geld, Finanzamt ... – dann aufschreiben, in diese Zwischenwelt bannen und für den Moment ausklammern.

Punkt drei: Man macht, wie oben beschrieben, seine Atemübung und sagt dann: 'Danke, liebes Bett, danke, lieber Raum – ich darf jetzt hier schlafen und fühle mich total wohl!' Positive Affirmation. "Ich liebe das Leben, das Leben liebt mich!" Wenn man sich das zehnmal sagt, steckt man einen inneren Raum ab, auf den niemand zugreifen kann, der geschützt ist – und, siehe da, es wird leichter zu agieren und zu schlafen. Auch diese sehr starke Affirmation stammt von Louise Hay, US-amerikanische Sachbuchautorin auf dem Gebiet des "positiven Denkens". Wenn man dies zu sich sagt, verändert sich etwas – so viel ist sicher. Wenn ich stattdessen nur im Außen bin – Handy, TV, Multitasking –, dann bin ich eben nicht bei mir, in mir, dann sorge ich nicht gut für mich. Positive Bestärkung, gepaart mit der angesprochenen Dankbarkeit, ist auch der Nährboden für guten, tiefen und entspannten Schlaf.

Aber diese Verbindung zu sich selbst, zu dem geschützten inneren Raum, muss man eben erst wiederherstellen, wieder lernen. Ein bewusstes Vorbereiten auf den Schlaf funktioniert. Der eine macht seine Atemübung, der andere spricht ein Gebet. Die Techniken sind so vielfältig und unterschiedlich wie der Mensch. Im Gebet findet sich das Moment der Dankbarkeit ja auch wieder: 'Danke, dass ich das alles heute erleben durfte...!' Und morgens nach dem Aufwachen geht es ja weiter. Entweder man ist gleich wieder gehetzt oder man freut sich, dass man aufgewacht ist, dass man lebt, dass man da ist! Man sollte nicht gleich zum Handy greifen oder

Ein positives Miteinander in der Partnerschaft schafft ein Zusammengehörigkeitsgefühl

im Fernsehen die neuesten Nachrichten schauen, bleib' noch ein paar Minuten bei Dir, trink ein Glas warmes Wasser und leg dann erst los. So machen es meine Frau und ich jeden Tag. Es kann so einfach sein, wenn man dieses Ritual täglich lebt. Tun Sie es einfach. Mir ist durchaus bewusst, dass es in der heutigen bewegten Zeit nicht gerade einfacher wird, bei sich selbst zu sein. Aber es lohnt sich!

Einklang zwischen Körper, Geist und Seele

Den Einklang herzustellen zwischen Körper, Geist und Seele – das ist die ganz alte und stets neue Aufgabe. Man muss wieder begreifen, dass dies drei unterschiedliche 'Sachen' sind, aber die hängen unmittelbar miteinander zusammen. Diese Dreieinigkeit ist auf den ersten Blick vielleicht merkwürdig. Sie erklärt sich vielleicht am besten in dem Bild, dass ich Regisseur, Schauspieler und gleichzeitig auch mein eigener Zuschauer bin.
Ich darf das Drehbuch meines Lebens selbst schreiben und darf mein Leben lenken, selbst darin agieren – mit Lebensfreude, mit Hoffnung, mit Zuversicht. Das ist doch eine große und großartige Sache. Und wenn ich dann auch noch aufmerksam bin und schaue, wie meine

Umgebung auf mich und mein Streben reagiert, ob man mir mit einem Lächeln begegnet oder eben nicht, dann bin ich auch noch mein Zuschauer und kann mich bei Bedarf ändern. Wenn ich an der Kasse stehe und genervt bin, weil der vor mir solange gebraucht hat, kriege ich genau das zurück. Eine genervte Kassiererin. Wenn ich aber froh bin, dran zu sein und das fröhliche Lächeln der Kassiererin sehe, ist doch ganz viel gewonnen. In diesem Sinne sind wir unseres Glückes Schmied, nur wir müssen uns das immer wieder bewusst machen.

Selbstheilungskräfte

All das spielt natürlich auch bei der Selbstheilung eine große Rolle. Wenn man Groll empfindet, ist man negativ gepolt. Das hat sich ja bis in die Sprache manifestiert: 'Mir ist eine Laus über die Leber gelaufen'; 'Irgendwas ist mir auf den Magen geschlagen' oder 'Mir geht die Galle über'. All das beschreibt Stresszustände, in denen vermehrt Adrenalin ausgeschüttet wird, in denen hormonelles Ungemach im Körper angesagt ist und entsprechende Botenstoffe ausgeschüttet werden. Die Zellen werden über den Zustand informiert und reagieren entsprechend, sprich: das ganze System ist aus dem Ruder gelaufen.

An dieser Stelle setzen Schamanen und Heiler an, die mit ihren Methoden das Gleichgewicht wieder herstellen wollen. Die beiden Systeme in unserem Körper (Sympathikus und Parasympathikus) spielen eine große Rolle und die Frage ist immer wieder: Welches System befeuere ich? Befeuere ich den entspannten oder den auf Kampf und Auseinandersetzung programmierten Teil? Warum das vegetative Nervensystem so ausgerichtet ist, wird durch die Stammesgeschichte klar. Der Neandertaler musste vor dem wild gewordenen Mammut oder dem hungrigen Berglöwen davon laufen. Es ging ums Überleben. Kämpfen oder fliehen. Diese Situation gibt es heute nicht mehr, aber das nervliche System, das uns dabei leitete und in höchste Alarmbereitschaft versetzte, ist weiterhin aktiv: der Sympathikus. Und das ist für den Körper, wenn es zum Dauerzustand wird, eine riesige Belastung. Es lohnt sich also zur Ruhe zu kommen und somit die Selbstheilungskräfte zu aktivieren und zu fördern.

Gleichgewicht zwischen Körper und Seele herstellen*, das sorgt für Entspannung und Harmonie*

Meditation

Das Stichwort, das in diesem Zusammenhang fallen sollte, lautet Meditation. Meditation bedeutet für mich nichts anderes als die Grundaussage: 'Ich bin bei mir!' Das kann jeder und ich gehe sogar so weit zu sagen: Jeder hat das Recht, bei sich zu sein. Man muss nicht im Außen leben. Das ist das ganze Geheimnis. Meditation – da denkt man vielleicht an esoterische Kurse oder den Dalai Lama – kann jeder betreiben. 'Bei sich sein'... das kann jeder. Kinder, die spielen, sind ganz bei sich. Und ich meine nicht die armen, von einer ehrgeizigen Eiskunstlauf-Mutter auf Spur gebrachten Kinder. Das Spiel von Kindern ist Meditation. Wenn jemand ganz in seine Arbeit vertieft ist, ist das Meditation. Hunde sind ganz bei sich. Die kriegen nur dann ein Thema, wenn die Schwingungen, die von Herrchen oder Frauchen ausgehen, negativ sind.

Apropos Haustiere. Auch die können von Algen profitieren. Sie haben ja, wie wir wissen, auch eine Gesundheit und oft auch nahrungsbedingte Befindlichkeiten. Wir selbst hatten einen Labrador, den Dino, der uns 15 Jahre lang begleitet hat, und am Anfang unter epileptischen Anfällen litt. Ich habe ihm Spirulinapulver und Schwarzkümmel verabreicht und er hat keine Anfälle mehr gehabt. Ich höre das von sehr vielen Kunden, dass sie ihren Tieren Spirulina geben und damit ihren Tieren geholfen haben. Das Bestechende dabei ist: Tiere können nicht lügen. Wenn sie Gelenkbefindlichkeiten haben, bewegen sie sich einfach immer weniger. Geht es ihnen besser, bewegen sie sich wieder. Man kann Tiere nicht mit Placebos täuschen. Deswegen sind sie unbestechlich. Ich empfehle Kunden, die fragen, ob sie

Dr. Peter Hartig *mit Labrador Dino*

Dr. Peter Hartig *nimmt sich Zeit zum Meditieren*

ihren Haustieren Algen geben können, ausdrücklich die Zugabe von Algenpulver zur Tiernahrung.

Natürlich hätten wir Dino auch Antiepileptika geben können, aber wir haben es in Absprache mit einem naturheilkundlich-orientierten Tierarzt erst einmal so probiert. Zuerst einmal die Natur zu Rate ziehen, denn sie schenkt uns ganz viel und hat es verdient, dass wir achtsam mit ihr umgehen. Für mich ist das auch ein ganz wichtiger Grund, warum ich Algen ohne Dünger und ohne Pestizide kultiviere.

Omega-3-Fettsäuren

Wie die Natur, vom Anfang der Nahrungskette bis zu den ungesättigten Omega-3-Fettsäuren im Fisch, sich organisiert, erklärt auch meine Faszination für Algen.

Krill, Hauptnahrung von vielen Walarten, grasen die Eisberge unter Wasser ab und ernähren sich dabei von Mikroalgen. Diese haben wiederum die Fähigkeit, die guten ungesättigten Omega-3-Fettsäuren zu produzieren. Da der Krill als erstes die Algen frisst, sind im Krill die Omega-3-Fettsäuren noch an sogenannten Phospholipiden gebunden. Dies ist die ursprünglichste und für uns Menschen die beste Form der Omega-3-Fettsäuren. Sie haben die Fähigkeit, sich direkt mit der Zellmembran (siehe unten) zu verbinden. Die Omega-3-Fettsäuren reichern sich also im Krill an und der Krill wird von Walen gefressen. Die 'guten Omegas' bleiben dabei erhalten.

Die meisten Fische nehmen die ungesättigten Fettsäuren mit dem Futter auf. Und die Nanochloropsis-Mikroalge, die wir auch in Büsum kultivieren, hat ein Nährstoffprofil, in dem ungeheuer große Mengen der guten Omegasäuren vorkommen.
Da der Lachs keine Mikroalgen frisst, muss man Krebse damit füttern und die verfüttert man dann an den Lachs. Die industrielle Lachsaufzucht negiert das und füttert den Lachs mit anderen, preiswerteren Mitteln. Dabei wird dann der Lachs, in der Natur voller Omega-3-Fettsäuren, ein minderwertiges Lebensmittel, mit deutlich weniger wertvollen Omega-3-Fettsäuren. Das hat mit nachhaltiger Zucht wenig zu tun.
Omega-3-Fettsäuren sind für uns besonders im Hinblick auf die Zellen wichtig. Die Biologen sprechen von der Zellmembran als dem 'Gehirn der Zelle'. Die Zellmembran muss immer flexibel sein und durch die Omega-3-Fettsäuren wird genau diese Flexibilität gewährleistet.
Gamma-Linolensäure (auch in Spirulina enthalten) ist wichtig als Zell-Botenstoff, ohne die der Körper nicht funktioniert. Für die Entdeckung dieses Wirkmechanismus' wurden – das gab es vorher auch noch nie – zwei Nobel-Preise verliehen. Wenn man älter wird, kann man Nachtkerzen-, Hanf- und Borretschöl in Kombination zu sich nehmen, die enthalten diese wichtige Omega-9-Fettsäure in hohem Maße. Die ungesättigten Fettsäuren sorgen im Körper, in der Zelle für Elastizität. Man stelle sich einfach einen Raum vor. Hat der keine Fenster und Türen, komme ich nicht raus und kann auch dort nicht leben. Hat er genügend Türen und Fenster, kommt Licht herein und man kann nach draußen. Manche Türen gehen ganz leicht auf und zu. Andere sind schwergängig. Heißt: Der Austausch geht langsam oder gar nicht mehr vonstatten. Die großen Schiebetüren, die den Austausch zwischen Innen und Außen erleichtern bzw. erst möglich machen, das sind die ungesättigten Fettsäuren. Blut besteht aus Zellen und die müssen sich, um Sauerstoff und Nährstoffe abzugeben, in die allerkleinsten und engsten Kapillarzellen hineinzwängen. Wenn die Blutzellen nicht elastisch sind, sich nicht schlank machen können, brechen sie und nichts kommt mehr an seinem Bestimmungsort an.

Und weil Algen ungesättigte Fettsäuren enthalten, spielen sie genau an diesem Punkt eine ungeheuer wichtige Rolle.

Booster mit der Natur

Algen sind nicht alles, aber in Verbindung mit den Naturschätzen, sind sie noch mehr. Es ist gut, Algen der Nahrung hinzuzufügen. Aber es ist noch wichtiger, Algen in der richtigen Kombination mit anderen wichtigen 'Naturschätzen' einzunehmen. Darauf achte ich bei unseren Rezepturen. Zum Beispiel kombinieren wir Lutein mit Chlorella und erhöhen damit die Wirkweise. Oder wir bringen Hagebuttenöl zusammen mit der Dunaliella-Alge und optimieren die Wirkung. Ich gehe davon aus, dass man in dieser Richtung noch viel forschen wird, um neue, noch wirksamere Rezepturen zu finden, Rezepturen, die die ganze Kraft der Algen und der Naturschätze entfalten helfen.

"Algen sind nicht alles, aber in Verbindung mit den Naturschätzen, sind sie noch mehr."

Ich war als Kind der absolute Gemüse- und Obstmuffel. Meine Mutter ist schier an mir verzweifelt. Aber ich habe schon damals gesagt: "Ich werde die Pille erfinden, wo alles drin ist!" Und das ist mir, durch die Wiederentdeckung der Algen, gelungen. Ich hatte das Riesenglück, das mir das Universum oft die richtigen Leute zur richtigen Zeit geschickt hat, von den Pionieren der Algenforschung bis hin Koryphäen wie Professor Imboden, dessen Vater noch mit Albert Einstein zusammengearbeitet hat. Wenn man von solch' charismatischen Leuten gefördert wird, dann ist dies das Höchste der Gefühle und der größte Ansporn für einen ganzheitlich denkenden Wissenschaftler, Kaufmann und Menschen.

◀ ***Die kleine goldene Omega 3 Kapsel*** *mit so viel Nähr- und Mehrwert-Stoffen*

Dr. Peter Hartig

Ich bilde eine Brücke zur Natur.
Die Kraft der Natur stärkt auch mich.
Die Energie der Bäume ist kraftvoll
und liebevoll! Ich bin geerdet und in
meiner Mitte durch die Kraft der Natur –
Danke, Danke, Danke

Es ist schwierig, alle Gedanken und Gefühle, alle Erinnerungen und Erkenntnisse in einem Buch unterzubringen. Aber ich hoffe, liebe Leserinnen und Leser, dass es mir einigermaßen gelungen ist, meine Faszination für Algen, die Bedeutung dieser lebenspendenden Pflanze für Mutter Erde im Allgemeinen und Ihre Gesundheit im Besonderen zwischen diesen beiden Buchdeckeln einzufangen und Ihnen näher zu bringen.

Man kann ohne Algen gesund leben, mit Algen aber noch gesünder! Es lohnt sich, regelmäßig nach Algen-Produkten zu greifen, und ich hoffe, ich habe in dem Buch aufgezeigt, wie Sie gezielt etwas für Ihre Gesundheit tun können. Die ist uns nämlich viel wert. Und deswegen arbeiten wir mit sehr viel Liebe, Leidenschaft und einem sehr hohen Qualitätsbewusstsein an unseren Produkten. Wir wollen sicher sein, dass Sie das Beste aus den Algen bekommen. Ich selbst bin sehr gespannt, was sich auf diesem Gebiet noch alles tun wird, denn wir stehen noch immer am Anfang. Wir kultivieren fünf Algenarten. Es gibt aber ca. 80.000 verschiedene Algen – da hat die Forschung, wie man sich vorstellen kann, noch ein großes Gebiet zu beackern und einen weiten Weg zu gehen.

Es ist mir ein ganz besonderes Anliegen, mich bei allen meinen Mentoren zu bedanken, die mich nicht nur fachlich, sondern auch menschlich unterstützt haben. Diese Menschlichkeit hat aus mir den gemacht, der ich heute bin. Dankbar bin ich natürlich auch meiner Familie. Es ist wahrhaftig nicht einfach, mit einem Wissenschaftler, einem positiv verrückten Wissenschaftler, zusammen zu leben. Einem, der viel herumreist und in der Weltgeschichte unterwegs ist; einem, der immer unter Volllast steht und Vollgas gibt, weil er neue Sachen entwickelt. Für all die Geduld ein riesiges Dankeschön.

Mein herzlicher Dank geht auch an all meine Freunde. Freunde zu finden, zu haben und zu halten, ist mithin das Schönste, was es gibt auf dieser Welt. Und natürlich bedanke ich mich auch bei meinem Team – ohne meine engagierten Mitarbeiter würde es gar nicht gehen und würde ich jetzt nicht hier sitzen.

Wir leben in schwierigen Zeiten. Alles wird immer schnelllebiger, immer rigoroser. Wir leben in einem Zeitalter des Konflikts, des Konflikts zwischen Nord und Süd, arm und reich, schwach und stark. Gerade menschlich fordert uns das alles ab, und alte Dämonen erheben ihr schreckliches Haupt. Wir müssen auf die Umwelt aufpassen, denn es gibt wenig Unterschied zwischen außen und innen. Wenn man sich anschaut, wie es in der Welt aussieht, dann weiß man, wie es innen aussieht.

Aber ich habe Hoffnung, dass wir das ändern können und müssen, damit dieser Planet friedvoll leben kann. Das ist es auch, was ich dem geneigten Leser und der geneigten Leserin als zentralen Gedanken mitgeben will. Was auch immer außen oder innen, in der Welt, der Umwelt oder der Familie ist: Es gibt immer Hoffnung.

"Was auch immer außen oder innen, in der Welt, der Umwelt oder der Familie ist: Es gibt immer Hoffnung."

Das gilt auch für viele Krankheiten. Krankheit ist ein Zustand und Zustände kann man ändern. Ein Lebensmittel, um gesund zu bleiben, können und werden die Algen sein. Essen, das Medizin ist, und Medizin, die essbar ist. Es gibt natürlich noch viele andere Naturschätze, die die Gesundheit fördern, aber die Algen stehen auf dieser Liste ganz weit oben. Das Ziel ist, bewusst zu leben und achtsam mit sich selbst umzugehen. Und in diesem Zusammenhang möchte ich einen Satz zitieren, der mir sehr wichtig ist: "Gesundheit ist mein höchstes Gut und deswegen sorge ich gut für mich!"
Was ich noch bemerken wollte: Diese recht umfangreich gewordene Buch, liebe Leser, ist nicht immer ganz stringent, manches ist vielleicht redundant. Doch

einen guten Gedanken zu wiederholen hat Methode: Er prägt sich ein! Aber so bin ich halt. Ich spinne auch mal gerne und lass die Gedanken fliegen... Es ist egal, ob Sie auf Seite 5 zu lesen beginnen oder auf Seite 64 – Sie sollten, wenn ich das sagen darf, immer mal wieder in das Buch schauen und sich die Ratschläge und Empfehlungen herausziehen, die Sie dann gerade finden. Dieses Buch, so hoffe ich, begleitet Sie etwas länger. Es ist nicht streng und klassisch aufgebaut, aber so perfekt, wie es für mich perfekt sein kann.

Und noch ein letztes Wort zu dem neu gegründeten Blue Chocolate Tree-Verlag. Damit habe ich mir einen Herzenswunsch erfüllt. Wer mich ein bisschen kennt, weiß, dass ich mich wohler fühle, wenn ich das Heft selbst in der Hand habe. Nehmen wir uns mal den Namen vor: Alle meine Firmen beginnen mit Blue – Blau ist Tiefe, Himmel, Meer, der blaue Planet. Chocolate – ich liebe Schokolade, die Süße, die Wohlgerüche. Wenn ich nicht Wissenschaftler geworden wäre, dann Chocolatier. Allein wegen der Düfte. Also die Süße des Lebens, die uns viel zu oft abgeht. Und dann Tree, der Baum. Der vermittelt Stabilität, Festigkeit. Ist tief verwurzelt. Das ist für mich ein Sinnbild des Lebens.

Der Sinn des Lebens ist es ja auch, glücklich zu sein, Körper und Geist in Einklang zu bringen. Aber Veränderung ist nicht einfach. Und deswegen braucht es Literatur, die einen auf diesem Weg begleitet, berät, positiv stimmt. Deswegen werden bei BCT auch lebensbejahende Bücher erscheinen. Wenn man bei dem Prozess der Änderung begleitend und spielerisch tätig ist, dann fände ich das sehr toll. Auch in puncto Algen wird es weitere Veröffentlichungen geben, die genauer erklären, was sich im Körper abspielt, wenn man Spirulina oder Chlorella zu sich nimmt. Es gibt da so viele Themen: Säure-Basen-Haushalt, Gewichtsmanagement, Stress-Analyse und -Bekämpfung, Hormonhaushalt und viele, viele mehr. Einige Themen sind schon abgesteckt, andere entwickeln sich gerade. Mir würde zum Beispiel eine Reise zu Schamanen und Heilern, die noch tätig sind, großen Spaß machen. Altes Wissen der ayurvedischen Medizin mit der Moderne abgleichen, Traditionelle Chinesische Medizin, Akupunktur, Naturmedizin, Selbstheilungskräfte – es gibt unzählige Themen.

Die Schulmedizin ist – da gibt es überhaupt keinen Zweifel – wichtig. Mein Vater hat seine drei Herzinfarkte 30 Jahre überlebt. Meine Tochter hat dank der Intensivmedizin keine Schäden davon getragen, nachdem sie mit zehn Monaten ins Wasser gefallen und fast ertrunken ist. Das ist toll. Als wir nach langer Zeit noch einmal in dem Kinderkrankenhaus Altona, wo sie damals mit dem Hubschrauber hingebracht worden ist, waren, haben wir festgestellt, dass es dort inzwischen eine eigene Homöopathie-Station gibt. Es hat sich also schon sehr viel getan und geändert. Und der Verlag soll Teil dieser positiven Veränderung sein.

Damit ist eigentlich alles gesagt. Ich hoffe, die Lektüre hat Ihnen Spaß bereitet und einige neue Erkenntnisse gebracht. Zum Beispiel die, dass Algen faszinierende Wasserpflanzen sind.

In diesem Sinne wünsche ich Ihnen von ganzem Herzen alles erdenklich Gute für Ihre Gesundheit!

Ihr

Dr. rer. nat. Peter Hartig

Über die Autoren

Dr. Peter Hartig
Er ist Forscher, Wissenschaftler und Unternehmer. Dr. rer. nat. Peter Hartig – Jahrgang 1959 – vereint die Neugier eines Forschers, die Sorgfalt eines Wissenschaftlers und die Risikobereitschaft eines Unternehmers auf perfekte Art und Weise. Nach dem Studium der Biologie, das er mit einer Doktorarbeit über Mikroalgen abschloss, folgten weltweite Forschungsaufenthalte (Schweiz, USA, Hawaii, Neuseeland). Im Jahre 2000 gründete der gebürtige Duisburger das Biotechnologie-Unternehmen BlueBioTech GmbH. Seit 2006 vertreibt Dr. Hartig seine qualitativ hochwertigen Nahrungsergänzungsmittel beim Teleshopping-Sender HSE24. Die 2002 gegründete, inhabergeführte Firma BlueBioTech International GmbH betreibt Algenfarmen auf den Inseln Hainan und Teneriffa. Dr. Hartig hat drei Töchter und lebt mit seiner Frau Renate in Kollmar, Essen, München und auf Teneriffa.
Sein Buch "Das Wunder des Lebens Meine Geschichte. Die Algen. Ihre Gesundheit" ist Biografie, Ratgeber und Rezeptbuch zugleich. Über 200 Seiten Spannung, Wissen und Lesespaß.

Christian Schommers
Christian Schommers – Jahrgang 1971 – ist Bestseller-Autor (Boris Becker, "Das Leben ist kein Spiel"), Journalist ('Gala', 'Bild', 'Bravo', 'Sport-Bild', 'Sky', 'Bunte' und 'Closer') und Kolumnist (top.de). Der Wahlhamburger arbeitet heute als Medien- und Marketingdirektor für die Firma BlueBioTech International. Er stand Dr. Peter Hartig für das vorliegende Buch als Co-Autor zur Seite.

***Bei der Arbeit:** Die Autoren auf Teneriffa*

Impressum
© 2016 Blue Chocolate Tree-Verlag GmbH
Dr. Peter Hartig
Rudolf-Diesel-Straße 4, D-24568 Kaltenkirchen
ISBN 978-3-9817910-0-6
1. Auflage 2016

Bildnachweis
Bildarchiv: BlueBioTech GmbH, Büsum
Privatfotoarchiv: Dr. Peter Hartig
Onlinebildarchive: 123rf und Fotolia
© panthermedia.net /Martin Kreutz
Healthywaterlife.com
Titelfoto: Gordon Chesterman, UK

Redaktion und Lektorat
Teddy Hoersch, Pulheim

Layout und Covergestaltung
Jacqueline de Zanèt, Neuenbrook

Druck
Aumüller Druck GmbH & Co. KG
Seit Dezember 2013 sind wir wieder nach der neuesten Version des EG Öko-Audits, dem europäischen Umweltmanagementsystem EMAS zertifiziert. Eine Zusammenarbeitmit uns garantiert Ihnen somit eine ressourcenschonende Druckproduktion!